全国及国家重大战略区域
生态系统碳汇评估、预测和监管研究

赵　卫　梁芳源　白丰桦
王　昊　肖　颖　顾卫华
著

U0251620

中国环境出版集团·北京

图书在版编目（CIP）数据

全国及国家重大战略区域生态系统碳汇评估、预测和
监管研究 / 赵卫等著. – – 北京：中国环境出版集团，
2024.12. – – ISBN 978-7-5111-6074-4

Ⅰ. X511

中国国家版本馆 CIP 数据核字第 2024GP0443 号

京审字（2024）G 第 2604 号

责任编辑　曹　玮
封面设计　宋　瑞

出版发行	中国环境出版集团	
	（100062　北京市东城区广渠门内大街 16 号）	
	网　　　址：http://www.cesp.com.cn	
	电子邮箱：bjgl@cesp.com.cn	
	联系电话：010-67112765（编辑管理部）	
	发行热线：010-67125803，010-67113405（传真）	
印　　刷	北京鑫益晖印刷有限公司	
经　　销	各地新华书店	
版　　次	2024 年 12 月第 1 版	
印　　次	2024 年 12 月第 1 次印刷	
开　　本	787×1092　1/16	
印　　张	11	
字　　数	220 千字	
定　　价	98.00 元	

中国环境出版集团郑重承诺：

中国环境出版集团合作的印刷单位、材料单位均具有中国环境标志产品认证。

—— 前　言 ——

2020 年 9 月 22 日，习近平主席在第七十五届联合国大会一般性辩论上向国际社会作出庄严承诺：中国将提高国家自主贡献力度，采取更加有力的政策和措施，二氧化碳排放力争于 2030 年前达到峰值，努力争取 2060 年前实现碳中和。其中，生态系统碳汇是实现碳达峰、碳中和的重要路径和重要保障。2021 年 9 月 22 日，《中共中央　国务院关于完整准确全面贯彻新发展理念做好碳达峰碳中和工作的意见》（中发〔2021〕36 号）提出"加强绿色低碳重大科技攻关和推广应用""持续巩固提升碳汇能力""健全法律法规标准和统计监测体系"，明确要求"加强生态系统碳汇基础理论和方法研究""开展森林、草原、湿地、海洋、土壤、冻土、岩溶等碳汇本底调查和碳储量评估，实施生态保护修复碳汇成效监测评估"。2021 年 10 月 24 日，国务院印发的《2030 年前碳达峰行动方案》（国发〔2021〕23 号）将碳汇能力巩固提升行动列为"碳达峰十大行动"之一，提出巩固生态系统固碳作用、提升生态系统碳汇能力、加强生态系统碳汇基础支撑、推进农业农村减排固碳，明确要求"开展森林、草原、湿地、海洋、土壤、冻土、岩溶等碳汇本底调查、碳储量评估、潜力分析，实施生态保护修复碳汇成效监测评估""加强陆地和海洋生态系统碳汇基础理论、基础方法、前沿颠覆性技术研究"。

《中共中央　国务院关于完整准确全面贯彻新发展理念做好碳达峰碳中和工作的意见》和《2030 年前碳达峰行动方案》作为贯穿碳达峰、碳中和两个阶段的顶层设计，均将巩固提升碳汇能力作为碳达峰、碳中和的重要任务措施，并提出加强生态系统碳汇基础理论和方法研究、实施生态保护修复碳汇成效监测评估等要求。同时，《"十四五"生态保护监管规划》（环生态〔2022〕15号）明确要求"建立以空间管控和质量提升为目标的生态系统碳汇监管体系，持续巩固提升生态系统碳汇能力"。鉴于以上，结合生态环境主管部门工作职责，开展面向统一监管的全国及国家重大战略区域生态系统碳汇评估和预测，分析全国及国家重大战略区域生态系统碳汇动态变化和地域差异，评估生态系统碳汇保护成效，研究建立以空间管控和质量提升为目标的生态系统碳汇监管体系，具有重要的科学意义和应用价值。

围绕碳达峰、碳中和特别是持续巩固提升碳汇能力等方面的科技需求，结合生态环境部门统一行使生态监管的工作职责，本书对作者完成的全国及国家重大战略区域生态系统碳汇评估、预测和监管研究相关成果进行总结，共分为9章。第1章 面向统一监管的生态系统碳汇基础理论和方法体系，分析总结当前生态系统碳汇研究进展，识别了当前生态系统碳汇研究在支撑碳达峰、碳中和，特别是生态系统碳汇统一监管、碳汇能力持续巩固提升方面的不足，阐明面向统一监管的生态系统碳汇基础理论，构建面向统一监管的生态系统碳汇评估、生态系统碳汇保护修复成效评估、生态系统碳汇保护空间划定、碳汇能力巩固提升潜力预测等方法体系和生态系统碳汇统一监管体系。第2章 全国生态系统碳汇评估预测研究，利用面向统一监管的生态系统碳汇方法体系，对全国生态系统碳汇进行评估预测，分析全国生态系统碳汇总量、生态系统碳汇面积、单位面积生态系统碳汇等时空变化特征，识别全国生态系统碳汇高值区域和退化区域，估算生态系统碳汇能力的巩固提升潜力，为生态系统碳汇统一监管、生态保护修复工程布局等提供科技支撑。第3～7章 国家重大战略区域生态系统碳汇评估预测，利用面向统一监管的生态系统碳汇方法体系，对京津冀地区、长江经济带、长三角地区、黄河流域、秦岭地区等国家重大战略区域生态系统碳汇进行评估预测,分析各国家重大战略区域生态系统碳汇动态变化、地域差异和空间聚集特征,估算各国家重大战略区域及其不同等级行政区域生态系统碳汇潜力,掌握国家重大战略区域生态系统碳汇现状及其时空变化特征,为国家重大战略区域碳达峰、碳中和等提供科技支撑。第 8 章 全国及国家重大战略区域生态系统碳汇监管研究,根据全国及国家重大战略区域生态系统碳汇动态变化和地域差异,结合生态系统碳汇重点区域划定、碳汇能力巩固提升潜力预测等,识别全国及国家重大战略区域生态系统碳汇保护空间及其保护成效,研究建立生态系统碳汇统一监管体系。第 9 章 主要结论和决策建议,在上述研究的基础上,总结全国及国家重大战略区域生态系统碳汇评估、预测和监管研究结论,结合生态环境部门统一行使生态监管的工作职责,提出生态系统碳汇统一监管、持续巩固提升碳汇能力等方面的对策措施。

本书是作者在全国及国家重大战略区域生态系统碳汇评估、预测和监管方面的研究成果。本书各章执笔人如下:第 1 章由赵卫、肖颖、王昊、顾卫华执笔,第 2 章由赵卫、顾卫华、梁芳源执笔,第 3 章由赵卫、梁芳源执笔,第 4 章由赵卫、梁芳源、肖颖执笔,第 5 章由赵卫、梁芳源执笔,第 6 章由赵卫、梁芳源、王昊执笔,第 7 章由赵卫、梁芳源、王昊执笔,第 8 章由赵卫、梁芳源、顾卫华执笔,第 9 章由梁芳源、王昊、肖颖、顾卫华执笔。全书结构和内容由赵卫拟定,全书数据处理和图件制作由白丰桦、梁芳源、顾卫华完成,赵卫、梁芳源、白丰桦、肖颖、王昊、顾卫华完成统稿和定稿。

本书虽做了大量的调查和研究工作,但难免存在一些不足,有待我们今后在该领域的继续研究和不断探索中改正。

作 者
2024 年 10 月

目 录

第 1 章

面向统一监管的生态系统碳汇基础理论和方法体系

内容摘要

　　本章结合碳达峰、碳中和相关决策部署，阐述面向统一监管的生态系统碳汇研究意义。结合生态系统碳汇研究进展和生态系统碳汇统一监管工作需求，开展面向统一监管的生态系统碳汇概念及特征等基础理论研究。基于此，围绕建立以空间管控和质量提升为目标的生态系统碳汇监管体系，研究提出面向统一监管的生态系统碳汇评估方法、生态系统碳汇保护空间划定方法、生态系统碳汇保护修复成效评估方法、碳汇能力巩固提升潜力估算方法，构建面向统一监管的生态系统碳汇方法体系，为生态系统碳汇统一监管、碳汇能力持续巩固提升及碳达峰、碳中和奠定理论和方法基础。

1.1　面向统一监管的生态系统碳汇研究意义

1.1.1　实现碳达峰、碳中和是以习近平同志为核心的党中央统筹国内国际两个大局作出的重大战略决策

　　2020 年 9 月 22 日，习近平主席在第七十五届联合国大会一般性辩论上向国际社会作出庄严承诺：中国将提高国家自主贡献力度，采取更加有力的政策和措施，二氧化碳排放力争于 2030 年前达到峰值，努力争取 2060 年前实现碳中和。2021 年 3 月 15 日，习近平总书记在中央财经委员会第九次会议上强调："我国力争 2030 年前实现碳达峰，2060 年前实现碳中和，是党中央经过深思熟虑作出的重大战略决策，事关中华民族永续发展和构建人类命运共同体""要把碳达峰、碳中和纳入生态文明建设整体布局"。

2021年5月，中央层面成立了碳达峰碳中和工作领导小组，作为指导和统筹做好碳达峰、碳中和工作的议事协调机构。2021年9月22日，《中共中央　国务院关于完整准确全面贯彻新发展理念做好碳达峰碳中和工作的意见》（中发〔2021〕36号）（以下简称《意见》）印发实施。为深入贯彻落实党中央、国务院关于碳达峰、碳中和的重大战略决策，2021年10月24日国务院印发《2030年前碳达峰行动方案》（国发〔2021〕23号）（以下简称《方案》）。2022年10月16日，习近平总书记在党的二十大报告中明确提出"积极稳妥推进碳达峰碳中和"。碳达峰、碳中和工作先后列入《中共中央　国务院关于深入打好污染防治攻坚战的意见》《中共中央　国务院关于全面推进美丽中国建设的意见》等重要文件。

2021年10月12日，习近平主席以视频方式出席《生物多样性公约》第十五次缔约方大会领导人峰会时指出，中国将陆续发布重点领域和行业碳达峰实施方案和一系列支撑保障措施，构建起碳达峰、碳中和"1+N"政策体系。其中，《意见》在碳达峰、碳中和"1+N"政策体系中发挥统领作用，明确了我国实现碳达峰、碳中和的时间表、路线图，围绕"十四五"时期及2030年前、2060年前两个重要时间节点，提出了构建绿色低碳循环经济体系、提升能源利用效率、提高非化石能源消费比重、降低二氧化碳排放水平、提升生态系统碳汇能力5个方面主要目标。《意见》与《方案》共同构成贯穿碳达峰、碳中和两个阶段的顶层设计。"N"则包括能源、工业、交通运输、城乡建设等分领域分行业碳达峰实施方案，以及科技支撑、能源保障、碳汇能力、财政金融价格政策、标准计量体系、督察考核等保障方案。一系列文件构建起目标明确、分工合理、措施有力、衔接有序的碳达峰、碳中和政策体系。

1.1.2　持续巩固提升碳汇能力是贯穿碳达峰、碳中和两个阶段的重点任务

作为碳达峰、碳中和"1+N"政策体系的"1"，《意见》是管总体管长远的，将"持续巩固提升碳汇能力"列入重点任务之一，要求"巩固生态系统碳汇能力""提升生态系统碳汇增量"。同时，在"健全法律法规标准和统计监测体系"方面提出"依托和拓展自然资源调查监测体系，建立生态系统碳汇监测核算体系，开展森林、草原、湿地、海洋、土壤、冻土、岩溶等碳汇本底调查和碳储量评估，实施生态保护修复碳汇成效监测评估"，在"加强绿色低碳重大科技攻关和推广应用"方面提出"加强气候变化成因及影响、生态系统碳汇等基础理论和方法研究"。

《方案》是碳达峰阶段的总体部署，聚焦"十四五"和"十五五"两个碳达峰关键期，将"碳汇能力巩固提升行动"列为"碳达峰十大行动"之一，提出巩固生态系统固碳作用、

提升生态系统碳汇能力、加强生态系统碳汇基础支撑、推进农业农村减排固碳。其中，"加强生态系统碳汇基础支撑"明确要求，"依托和拓展自然资源调查监测体系，利用好国家林草生态综合监测评价成果，建立生态系统碳汇监测核算体系，开展森林、草原、湿地、海洋、土壤、冻土、岩溶等碳汇本底调查、碳储量评估、潜力分析，实施生态保护修复碳汇成效监测评估。加强陆地和海洋生态系统碳汇基础理论、基础方法、前沿颠覆性技术研究。建立健全能够体现碳汇价值的生态保护补偿机制，研究制定碳汇项目参与全国碳排放权交易相关规则"。

《意见》和《方案》作为贯穿碳达峰、碳中和两个阶段的顶层设计，均明确要求持续巩固提升碳汇能力。因此，持续巩固提升碳汇能力是贯穿碳达峰、碳中和两个阶段的重点任务，事关如期实现 2030 年前碳达峰、2060 年前碳中和的目标。

1.1.3　生态系统碳汇统一监管是持续巩固提升碳汇能力、实现碳达峰碳中和的重要保障

生态系统碳汇是生态系统重要的服务功能之一，生态系统碳汇统一监管是生态保护监管的应有之义和重点任务，也是持续巩固提升碳汇能力、如期实现碳达峰碳中和目标的重要保障。2022 年 3 月，生态环境部印发的《"十四五"生态保护监管规划》（以下简称《规划》）将"提升生态保护监管协同能力"列为"十四五"生态保护监管的五项重点任务之一，主动融入"减污、降碳、强生态"深入打好污染防治攻坚战总体布局，推动生态保护监管与减污降碳协同增效。其中，建立生态系统碳汇监管体系是生态环境部门实施生态保护监管、持续巩固提升生态系统碳汇能力的重点任务，也是生态环境部门的重要工作职责。

在持续巩固提升碳汇能力方面，《规划》明确要求"通过加强生态保护监管，严守生态保护红线，严控生态空间占用，稳定现有森林、草原、湿地、海洋、土壤、冻土、岩溶等固碳作用。推动实施生态保护修复重大工程和大规模国土绿化行动，开展山水林田湖草沙一体化保护和修复，提升生态系统碳汇功能，强化生态保护与降碳协同增效"。落实碳达峰、碳中和关于巩固生态系统固碳作用、提升生态系统碳汇能力的任务要求。在生态系统碳汇基础保障方面，《规划》明确要求"科学评估我国陆地生态系统的固碳功能，探索评估我国海岸带及近海生态系统固碳贡献，划定碳汇重点区域，明确碳储量高、碳汇能力强和固碳潜力大的生态系统分布区域。逐步开展生态系统碳汇认证与生态系统碳汇能力核算，实施生态保护修复碳汇成效监测评估，建立以空间管控和质量提升为目标的生态系统碳汇监管体系，持续巩固提升生态系统碳汇能力"。

生态系统碳汇统一监管是生态环境部门统一行使生态监管职责的重要组成部分。通过自然保护地、生态保护红线等重要生态空间和重大生态修复工程监管，直接巩固提升碳汇能力；通过建立以空间管控和质量提升为目标的生态系统碳汇监管体系，发挥生态保护监管对持续巩固提升生态系统碳汇能力的引领、优化和"倒逼"作用。

1.2 生态系统碳汇研究现状分析

1.2.1 生态系统碳汇评估方法

目前，陆地生态系统碳汇估算方法大体可分为"自下而上"和"自上而下"两种类型（Piao et al.，2022）。"自下而上"的估算方法是指将样点或网格尺度的地面观测、模拟结果推广至区域尺度，常用的方法包括清查法、涡度相关法和生态系统过程模型模拟法等（Hodson et al.，2023；Liu et al.，2018；Baldocchi et al.，2016）。"自上而下"的估算方法主要是指基于大气 CO_2 浓度反演陆地生态系统碳汇，即大气反演法。不同估算方法的优、缺点和不确定性来源各不相同（Mueller et al.，2017；Jiang et al.，2016）。

（1）清查法

清查法通过比较不同时期的资源清查资料来估算陆地生态系统碳汇强度（Xia et al.，2024）。其优点是能够直接测量样点尺度的植被和土壤碳储量。其局限性包括：①清查周期长；②清查数据侧重于森林和草地等广泛分布的生态系统，而在湿地等面积占比低的生态系统中，长期观测的清查数据稀缺，导致区域尺度汇总结果存在偏差；③由于陆地生态系统空间异质性强，从样点到区域尺度碳储量的转换过程存在较大不确定性；④清查数据不包含生态系统碳的横向转移。一般而言，资源清查数据的样点覆盖密度是制约基于清查法的碳汇估算准确度的核心因素。

（2）涡度相关法

涡度相关法根据微气象学原理，直接测定固定覆盖范围内陆地生态系统与大气之间的净 CO_2 交换量，据此通过尺度上演估算区域尺度净生态系统生产力（NEP）（Vekuri et al.，2023；Nandal et al.，2023；Bansal et al.，2023；Fei et al.，2017）。其主要优点在于可实现精细时间尺度（如每 30 min）上碳通量的长期连续定位观测，从而能反映气候波动对 NEP 的影响。其局限性包括：①涡度相关法主要基于微气象学原理，不可避免地受到观测缺失、下垫面和气象条件复杂、能量收支闭合度、观测仪器系统误差等因素的影响，从而给碳通量估算带来观测误差和代表性误差；②森林生态系统通量观测站点常设置在人为影响较小的区域，难以兼顾林龄差异和生态系统异质性，导致区域尺度碳汇推演结果存在偏差；③农田生态系统涡度相关通量观测无法区分土壤碳收支部分与作物收获和秸秆的影响，因而难以准确估算农业生态系统碳收支；④涡度观测法测定的碳通量通常不包含采伐、火灾等干扰因素的影响，因此可能高估了区域尺度上的生态系统碳汇。总之，由于区域尺度上人为影响普遍存在且对碳汇有明显影响，涡度相关法通常很少用于直接估算区域尺度上的碳汇大小，更多用于理解生态系统尺度上碳循环对气候变化的响应过程。

（3）生态系统过程模型模拟法

基于过程的生态系统模型通过模拟陆地生态系统碳循环的过程机制，对网格化的区域和全球陆地碳源汇进行估算，它是包括全球碳计划在内的众多全球和区域陆地生态系统碳汇评估的重要工具（Zhao et al.，2022；Lu et al.，2017）。其优势在于可定量区分不同因子对陆地碳汇变化的贡献，并可预测陆地碳汇的未来变化。其局限性包括：①模型结构、参数以及驱动因子（如气候、土地利用变化数据等）仍存在较大不确定性；②目前的生态系统过程模型普遍未考虑或简化考虑生态系统管理（如森林管理、农业灌溉等）对碳循环的影响；③多数模型未包括非 CO_2 形式的碳排放（如生物源挥发性有机物）与河流输送等横向碳传输过程。由于不同模型在结构、参数和驱动因子等方面的显著差异，TRENDY、MsTMIP、ISIMIP 等多模型比较计划研究均表明，生态系统过程模型模拟结果仍存在很大的不确定性，给区域陆地生态系统碳汇模拟的可靠性带来较大争议。

（4）大气反演法

大气反演法是基于大气传输模型和大气 CO_2 浓度观测数据，并结合人为源 CO_2 排放清单，估算陆地碳汇（Kondo et al.，2020；Schuh et al.，2013）。不同于"自下而上"的方法，大气反演法的优点在于其可实时评估全球尺度的陆地碳汇功能及其对气候变化的响应。其局限性包括：①目前，基于大气反演法的净碳通量数据空间分辨率较低，无法准确区分不同生态系统类型的碳通量；②大气反演法结果的精度受限于大气 CO_2 观测站点的数量与分布格局（目前 CO_2 浓度观测站主要分布在北美洲和欧洲，发展中国家地区观测站分布非常有限）、大气传输模型的不确定性、CO_2 排放清单（如化石燃料燃烧碳排放）的不确定性等；③大气反演法普遍未考虑非 CO_2 形式的陆地与大气之间的碳交换，以及国际贸易导致的碳排放转移。总体来说，随着目标区域变小，大气反演结果的不确定性逐渐增大；就国家尺度而言，即使是具有较多的大气 CO_2 观测站点的欧美国家和地区，大气反演结果的不确定性也不容忽视。

1.2.2 生态系统碳汇研究进展

近年来，国内外学者通过不同方法对我国陆地生态系统碳汇进行了估算，这些研究一致表明，中国陆地生态系统是一个重要碳汇，但不同方法的估算结果存在一定的差异。

清查法和生态系统过程模型模拟法是早期陆地生态系统碳汇估算的最主要方法。Piao 等（2009）分析了我国 20 世纪 80 年代和 90 年代陆地生态系统碳平衡及其驱动机制，结果显示，我国陆地生态系统每年净碳汇（以 C 计，下同）为 0.19~0.26 Pg，占化石燃料碳排放的 28%~37%。东北地区由于森林过度采伐和退化而成为碳源，而南方地区由于区域气候变化、大规模造林项目和灌木恢复贡献了超过 65%的碳汇，其中灌木恢复是碳汇的主要不确定性因素。Tang 等（2018）通过对我国 14 371 个样地的实地调查，系统评估了我国森林、灌丛、草地和农田的碳储量。研究发现，这四种生态系统的总碳库碳汇为（79.24±2.42）Pg，其中 82.9%储存在 1 m 深的土壤中，16.5%在生物量中，0.60%在枯枝落叶中。具体而言，森林、灌丛、草地和农田的碳储量分别为（30.83±1.57）Pg、（6.69±0.32）Pg、（25.40±1.49）Pg 和（16.32±0.41）Pg。综合所有陆地生态系统后，我国总碳库碳汇为（89.27±1.05）Pg。此外，研究结果表明，未来 10~20 年在无采伐情况下，森林生物量具有 1.9~3.4 Pg 的显著固碳潜力。

近年来，大气反演法开始被广泛应用于生态系统碳汇估算。Wang 等（2020）通过大气反演法分析 2009—2016 年我国 6 个站点的 CO_2 数据，估算出 2010—2016 年我国陆地生物圈碳汇平均值为（1.11±0.38）Pg/a，相当于同期我国人为碳排放量的 45%。研究发现，我国西南地区（云南省、贵州省和广西壮族自治区）全年及东北地区（主要是黑龙江省和吉林省）夏季的陆地碳汇量在此前被低估，这些地区通过快速造林显著增加了森林面积，支持了碳汇总量的增加。但目前基于大气反演法估算的结果还有很大的不确定性，不同研究结果可能相差一个数量级。

随着计算机技术的不断发展，机器学习模型也被研究人员应用到生态系统碳汇的评估中。Yao 等（2024）通过开发综合机器学习框架，整合多种环境变量来量化树木生长适宜性及其与树木数量的关系，进而稳健地建立了其与生物质碳储量的相关性。研究绘制了不同植树情景下的碳汇潜力图，在与中国生态系统管理政策一致的情景下，估算可种植 447 亿棵树木，增加森林储量（9.6±0.8）亿 m^3，吸收相当于中国 2020 年工业 CO_2 排放量 2 倍的（5.9±0.5）亿 t 碳当量。

1.3　面向统一监管的生态系统碳汇基础理论

1.3.1　生态系统碳汇概念

20 世纪 80 年代以前，人们普遍认为整个生态系统 CO_2 的光合固定作用、植物呼吸作用和土壤有机质分解大致是平衡的，即除土地利用变化导致的 CO_2 释放外，生态系统生态过程的变化对大气 CO_2 浓度没有显著影响。然而，随着化石燃料燃烧、森林砍伐、草地破坏等人类活动的加剧，学者们发现大气中 CO_2 的积累量和海洋对 CO_2 的吸收量小于化石燃料和土地利用变化释放的 CO_2 总量，这一现象被称为"碳失汇"。

碳汇的概念在 1997 年京都气候大会后被广泛认知（Smith，1997），目前学术界对"碳汇"概念的认同主要集中在两种观点。第一种观点认为，当生态系统固定的碳量大于排放的碳量时，该系统就成为大气 CO_2 的汇，简称碳汇（carbon sink）；反之为碳源（carbon source）。这一观点强调了生态系统在碳固定与碳排放之间的净平衡关系。第二种观点来自《联合国气候变化框架公约》（UNFCCC），其定义了温室气体"源"和"库"的概念。温室气体"源"是指向大气中释放温室气体、气溶胶或其前体的过程、活动或机制，"库"是指能够吸收和贮存这些物质的系统。如果在一定时段内流入"库"的数量比流出的多，且是从大气中净吸收碳，则该系统被认为是"汇"；反之为"源"。陆地生态系统碳收支是指在一定时间内，特定区域植被与大气之间碳交换的净通量，即生态系统的生物碳固定、输入与碳排放、输出的平衡状况。当陆地生态系统碳固定量大于呼吸碳排放量时，陆地生态系统表现为"碳汇"；相反，则表现为"碳源"。随着大气中 CO_2 浓度升高和全球气候变化加剧，评估生态系统碳汇能力显得尤为重要。

森林生态系统是碳汇研究的一个重要领域。森林通过光合作用吸收大气中的 CO_2 并将其固定在植被或土壤中，从而减少 CO_2 在大气中的浓度（Ke et al.，2023）。森林生态系统的碳库可分为植被碳储量、植物残体碳储量和土壤碳储量三个部分。其中，植被碳储量即生物量，表示所有生物体组分的质量；植物残体包括枯枝落叶、倒木、枯立木、树桩和死根；土壤碳储量则与空间尺度和取样深度有关，一般用单位体积原状土壤所含的碳总干重表示。草地生态系统在植物固定 CO_2 的同时，通过草地土壤呼吸、动植物呼吸等过程排放 CO_2。当固定 CO_2 量大于排放量时，草地生态系统为"碳汇"；反之，则为"碳源"（Li et al.，2022）。其中，草地生态系统碳储量包括植被碳储量和土壤有机碳储量，植被碳储量包括地上、地下生物碳储量。湿地生态系统具有很强的固碳功能，通过植被光合作用将大气中的 CO_2 转化为有机物进入湿地中，降低大气中 CO_2 浓度。湿地生态系统碳储量主要由储存在植物体内和土壤中的碳组成。滨海湿地较为特殊，其固定的碳可分为内源碳和外源碳（Xiao et al.，2019）。其中，内源碳的产生和沉积位置相同，如湿地植物通过光合作用从大气或海洋中固定 CO_2，转移到植物组织中；外源碳则是由于湿地常受到海浪、潮汐和海岸洋流的扰动，从邻近的生态系统中捕获沉积物和有机质，使之沉积到当地碳库中。农田生态系统在农作物生产过程中既是碳源，也是碳汇（Li et al.，2023；She et al.，2017）。碳源主要包括农作物生产过程中化肥、农药、电力、柴油等投入物生产形成的碳排放，农田土壤呼吸碳排放以及作物秸秆焚烧的碳排放；碳汇主要包括农作物自身生长的碳吸收、农田土壤固碳和秸秆还田的固碳效应。

综上所述，研究初期学者对生态系统碳汇的定义关注较多的是生态系统吸收、贮存 CO_2 的能力。随着全球气候变化加剧，各国学者的关注点逐渐由 CO_2 向 CO_2、CH_4 等多种温室气体转移。陆地生态系统碳汇的研究对象主要包括森林、草地、湿地、农田等生态系统，各陆地生态系统表现为"碳源"还是"碳汇"，不同研究的结论不同。总体上，绿色植物通过光合作用吸收二氧化碳，形成生态系统碳汇，是减少二氧化碳排放、实现碳达峰碳中和的重要途径。

1.3.2　面向统一监管的生态系统碳汇的概念

当前生态系统碳汇相关研究一般以某一区域、某一类型的生态系统为主，利用各类资源调查监测、实地观测等数据进行评估和预测，对于掌握某一区域、某一类型生态系统碳汇具有重要意义。对照全国碳达峰、碳中和的科技需求，当前生态系统碳汇研究主要面临以下挑战：①由于森林、草地等各类自然资源调查监测在时间、周期等方面的不一致，对同一时间全国生态系统碳汇总量的评估较为滞后，导致全国生态系统碳汇总量评估与二氧化碳排放总量统计在时间上尚不匹配，不利于对全国碳达峰、碳中和状态的科学判断；②目前我国生态系统碳汇的高值区域、退化区域仍不明晰，对生态保护修复工程碳汇成效的评估和监管尚未全面开展，加之全国尺度生态系统碳汇评估的基本单元较粗，不利于生态保护修复工程的合理布局及其对碳汇能力的巩固提升；③对全国尺度碳汇能力巩固提升潜力的研究相对薄弱，受数据来源、研究尺度、研究方法等因素的影响，碳汇能力巩固提升潜力相关研究结果存在较大的不确定性，碳汇能力巩固提升的实际潜力和重点区域尚不明晰，不利于碳汇能力持续巩固提升、生态建设协同增效、生态系统碳汇统一监管等工作。

针对当前生态系统碳汇研究在支撑碳达峰、碳中和方面存在的主要不足，结合生态环境部门统一行使生态监管的工作职责，迫切需要提出面向统一监管的生态系统碳汇定义。考虑到生态系统碳汇是生态系统中植物生长、发育过程形成的服务功能之一，植物光合作用是各类生态系统碳汇的共同机理和根本机制，本书将面向统一监管的生态系统碳汇定义为"绿色植物通过光合作用吸收大气中的二氧化碳，并固定在植物体或土壤中"。其中，植物通过光合作用形成的有机物质越多，生态系统碳汇能力越强；反之，生态系统碳汇能力越弱。

基于面向统一的生态系统碳汇定义，采用生态系统中绿色植物通过光合作用吸收、固定的二氧化碳量作为生态系统碳汇的衡量指标，可以反映生态系统碳汇及其动态变化和地域差异，而且具有以下优势，包括：①可以满足生态系统碳汇统一监管的可比性需求，实现对不同地区、不同年度生态系统碳汇的统一评估、统一监管；②可以满足生态系统碳汇统一监管的可行性需求，实现对任一区域、任一年限生态系统碳汇的统一评估、统一监管。总体上，面向统一监管的生态系统碳汇定义可以解决当前生态系统碳汇评估在类型上、时间上、空间上的不统一，包括不同类型生态系统碳汇评估不统一、全国生态系统碳汇总量评估与二氧化碳排放总量统计在时间上不匹配、全国生态系统碳汇评估在空间上存在空缺或重叠等问题。

1.4　面向统一监管的生态系统碳汇方法体系

针对当前生态系统碳汇研究在支撑碳达峰、碳中和及生态系统碳汇统一监管等方面的主要不足，以建立以空间管控和质量提升为目标的生态系统碳汇监管体系为主要导向，本书提出了面向统一监管的生态系统碳汇评估、生态系统碳汇保护空间划定、生态系统碳汇保护修复成效评估、碳汇能力巩固提升潜力估算等方法，建立了面向统一监管的生态系统碳汇方法体系（图 1-1）。

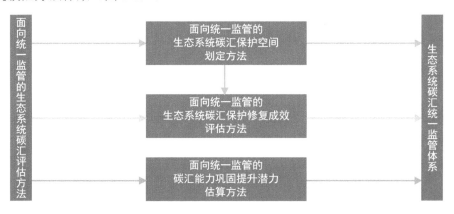

图 1-1　面向统一监管的生态系统碳汇方法体系

1.4.1   面向统一监管的生态系统碳汇评估方法

1.4.1.1   总体思路

面向统一监管的生态系统碳汇评估方法，旨在克服当前生态系统碳汇评估在支撑碳达峰、碳中和尤其是生态系统碳汇监管方面的不足，包括不同类型生态系统碳汇评估不统一、全国生态系统碳汇总量评估与二氧化碳排放总量统计在时间上不匹配、全国生态系统碳汇评估在空间上存在空缺或重叠等问题。

生态系统碳汇作为二氧化碳的吸收端和碳达峰、碳中和的重要路径，绿色植物通过光合作用吸收、固定二氧化碳是生态系统碳汇的根本机制，进而形成植物碳储量、枯落物碳储量和土壤碳储量。针对当前生态系统碳汇评估在支撑碳达峰、碳中和尤其是生态系统碳汇统一监管方面存在的主要不足，面向统一监管的生态系统碳汇评估方法，采用绿色植物通过光合作用吸收、固定的二氧化碳作为生态系统碳汇的衡量指标，以国土斑块为基本空间单元、年度为基本时间单元，建立覆盖所有国土空间的全国生态系统碳汇时间序列、全国生态系统碳汇"一张图"，实现生态系统碳汇评估在类型上、时间上、空间上的统一，对不同类型生态系统碳汇进行统一监管，为碳达峰、碳中和状态精准判断及相关监督考核等提供科学依据，为生态系统碳汇监管与生态环境分区管控相匹配、生态建设协同增效提供科技支撑。

1.4.1.2   关键步骤

（1）建立面向统一监管的生态系统碳汇评估方法公式

综合考虑各类生态系统碳汇的共同机理和根本机制，以及生物量与碳储量转化关系、植物枯损等因素的影响，选择绿色植物每年通过光合作用吸收、固定的二氧化碳量作为生态系统碳汇的衡量指标，构建面向统一监管的生态系统碳汇评估方法公式，主要包括：

$$CS_{ij} = MD_{ij} \times S \times \alpha \qquad (1\text{-}1)$$

$$MD_{ij} = \gamma \times NPP_{ij} \qquad (1\text{-}2)$$

$$CS_j = \sum_{i=1}^{n} CS_{ij} \qquad (1\text{-}3)$$

式中，CS_{ij} 为第 j 年评估单元 i 的生态系统碳汇；S 为评估单元面积；α 为生物量转换为碳的系数；MD_{ij} 为第 j 年评估单元 i 的地上生物量密度；γ 为植物枯损系数；NPP_{ij} 为第 j 年评估单元 i 的植物净初级生产力；CS_j 为第 j 年全国生态系统碳汇总量；n 为评估单元数量。

（2）收集面向统一监管的生态系统碳汇评估数据资料

目前生态系统碳汇评估研究的主要区别在于植物生物量的数据来源，包括调查监测、模型模拟、遥感等数据。其中，遥感数据具有大面积同步观测、更新周期短、可比性强等优势，适用于国家尺度、长时间序列的生态系统碳汇评估。

本研究主要收集覆盖全国的遥感影像、影像派生数据，以及行政区划、生态系统类型、植被类型等数据，构成面向统一监管的生态系统碳汇评估基础数据。其中，遥感数据、影像派生数据包括覆盖全国的植物净初级生产力（NPP）数据等；植被类型来源于中国科学院植物研究所《中华人民共和国植被图》（1∶100万）；生态系统类型数据参照全国生态状况遥感调查与评估生态系统分类系统，包括森林、灌丛、草地、湿地、农田、城镇、荒漠和裸地8种类型，选择长时间序列时段；行政区划数据采用全国行政区划数据集。同时，采用地理信息系统（GIS），对收集的相关数据进行预处理，包括数据格式转换、投影转换、重采样、空间插值。经过预处理后，各数据统一到同一坐标系、相同的图像分辨率下，以便在后续步骤中进行叠加和计算。

（3）评估各斑块的生态系统碳汇

以国土斑块为空间单元、年度为时间单元，利用式（1-1）和式（1-2），开展生态系统碳汇评估，确定各斑块的生态系统每年可吸收、固定的二氧化碳量，即各斑块的年度生态系统碳汇，建立各斑块的生态系统碳汇时间序列，如2000—2022年生态系统碳汇时间序列。

（4）评估全国生态系统碳汇总量

利用式（1-3）和ArcGIS栅格数据处理功能，对全国各斑块的生态系统碳汇进行汇总，形成全国生态系统碳汇"一张图"，得到全国生态系统碳汇总量，建立全国生态系统碳汇总量时间序列，确定每年全国生态系统碳汇总量，并与以年度为单位的二氧化碳排放总量统计相匹配，为实施生态保护修复碳汇成效监测评估、碳汇能力巩固提升目标任务完成情况监督考核，以及全国碳达峰、碳中和状态精准判断等提供科学依据。

1.4.1.3　主要成效

与现有的技术方法相比，面向统一监管的生态系统碳汇评估方法改善提升的方面主要包括：①以绿色植物每年通过光合作用吸收、固定二氧化碳的能力为核心，实现不同类型生态系统碳汇评估相统一，促进生态保护修复"宜林则林、宜草则草、宜湿则湿、宜荒则荒"，有利于生态环境部门对生态系统碳汇实施统一监管；②以年度为时间单元，实现生态系统碳汇评估在时间上的连续性，实现生态系统碳汇总量和二氧化碳排放总量在时间上相匹配，为碳达峰、碳中和状态精准判断及相关监督考核等提供科学依据；③以国土斑块为空间单元，实现全国生态系统碳汇评估在空间上的连续性，实现生态系统碳汇监管与生态环境分区管控在空间上相匹配，避免以各类资源调查监测数据为基础的全国生态系统碳汇总量评估的重复、遗漏问题，为生态保护修复工程合理布局、生态保护修复碳汇成效监测评估等提供科学依据。

1.4.2　面向统一监管的生态系统碳汇保护空间划定方法

1.4.2.1　总体思路

面向统一监管的生态系统碳汇保护空间划定方法，旨在克服当前生态系统碳汇保护空间划定在支撑碳达峰、碳中和尤其是生态系统碳汇监管方面的不足，包括生态系统碳汇高值区域和退化区域尚不明晰、生态系统碳汇保护空间尚未划定、全国生态系统碳汇评估在空间上存在空缺或重叠等问题，为建立以空间管控和质量提升为目标的生态系统碳汇监管体系、优化生态保护修复工程布局、实施生态保护修复碳汇成效监测评估，以及生态环境部门统一行使生态系统碳汇监管职责等提供科技支撑。

针对当前生态系统碳汇保护空间划定在支撑碳达峰、碳中和特别是生态系统碳汇监管方面存在的主要不足，面向统一监管的生态系统碳汇保护空间划定方法主要采用以下总体思路：首先，利用面向统一监管的生态系统碳汇评估方法，对所有国土斑块的生态系统碳汇进行评估，建立覆盖所有国土空间的全国生态系统碳汇时间序列、全国生态系统碳汇"一张图"；其次，根据长时间序列的全国生态系统碳汇"一张图"，确定生态系统碳汇高值区域、退化区域的划定标准；最后，识别生态系统碳汇的高值斑块、退化斑块，通过斑块聚合划定面向统一监管的生态系统碳汇保护空间。

1.4.2.2　关键步骤

（1）确定生态系统碳汇保护空间划定标准

1）生态系统碳汇高值区域的划定标准

根据长时间序列全国生态系统碳汇"一张图"评估结果，以2000—2022年全国生态系统碳汇时间序列为例，取评估时段内全国所有斑块生态系统碳汇的平均值，作为生态系统碳汇高值区域的划定标准（HCS），计算公式如下：

$$HCS = \frac{\sum_{j=1}^{m}\sum_{i=1}^{n}CS_{ij}}{m \times n} = \frac{\sum_{j=1}^{m}CS_j}{m \times n} \tag{1-4}$$

式中，HCS 为生态系统碳汇高值区域的划定标准；m 为评估时段的年数。

2）生态系统碳汇退化区域的划定标准

根据长时间序列全国生态系统碳汇"一张图"评估结果，以 2000—2022 年全国生态系统碳汇时间序列为例，取各斑块生态系统碳汇的多年平均值，作为生态系统碳汇退化区域的划定标准（DCS_i），计算公式如下：

$$DCS_i = \frac{CS_i}{m} = \frac{\sum_{j=1}^{m} CS_{ij}}{m} \qquad （1-5）$$

式中，DCS_i 为生态系统碳汇退化区域的划定标准；CS_i 为评估时段内第 i 个斑块的生态系统碳汇总量。

（2）划定面向统一监管的生态系统碳汇保护空间

1）识别生态系统碳汇的高值斑块

以国土斑块为基本单元，对照步骤（1）得到的生态系统碳汇高值区域的划定标准（HCS），利用 ArcGIS 栅格数据处理功能，识别生态系统碳汇的高值斑块，即 $CS_i>HCS$ 的斑块。

该类斑块的生态系统碳汇高于全国平均水平，斑块内绿色植物通过光合作用吸收、固定二氧化碳的能力较强，是全国生态系统碳汇的重要组成和生态系统碳汇监管的重点对象，应予以重点保护。

2）识别生态系统碳汇的退化斑块

以国土斑块为基本单元，对照步骤（1）得到的生态系统碳汇退化区域的划定标准（DCS_i），利用 ArcGIS 栅格数据处理功能，识别生态系统碳汇的退化斑块，即 $CS_{ij}<DCS_i$ 的斑块。

该类斑块的生态系统碳汇低于其多年平均水平，斑块内绿色植物通过光合作用吸收、固定二氧化碳的能力下降，是生态系统碳汇监管和生态保护修复的重点对象，应予以重点修复。

3）划定生态系统碳汇保护空间

根据已经确定的碳汇高值分界值和退化分界值，在数据源的属性表内对高值斑块和退化斑块分别进行筛选，并分别导出（Export）对应的高值栅格数据图层和退化栅格数据图层。

利用 ArcGIS 转换工具（Conversion Tools），分别将高值栅格数据和退化栅格数据转换为矢量数据（Raster to Polygon），形成生态系统碳汇高值区域和退化区域，再利用分析工具中叠加分析的联合工具（Union），将生态系统碳汇高值区域和退化区域图层合并，形成面向统一监管的生态系统碳保护空间矢量范围，用于实施生态保护修复碳汇成效监测评估、建立以空间管控和质量提升为目标的生态系统碳汇监管体系、优化生态保护修复工程布局等。

1.4.2.3　主要成效

与现有的技术方法相比，面向统一监管的生态系统碳汇保护空间划定方法改善提升的主要方面包括：①利用面向统一监管的生态系统碳汇评估方法，对所有国土斑块的生态系统碳汇进行统一评估，避免全国生态系统碳汇评估在空间上存在空缺或重叠等问题，为全面划定生态系统碳汇保护空间、充分挖掘国土空间生态系统碳汇潜力等奠定基础；②以年度为基本时间单元，形成长时间序列的全国生态系统碳汇"一张图"，为科学确定生态系统碳汇保护空间划定标准、划定生态系统碳汇保护空间等提供依据；③以国土斑块为基本空间单元，实现生态系统碳汇保护空间与生态环境分区管控相匹配，提升生态保护监管协同能力，发挥自然保护地、生态保护红线、重大生态修复工程等生态保护监管对生态系统碳汇保护空间、碳汇能力巩固提升的推动作用。

1.4.3　面向统一监管的生态系统碳汇保护修复成效评估方法

1.4.3.1　总体思路

面向统一监管的生态系统碳汇保护修复成效评估方法，旨在克服当前生态系统碳汇保护修复成效评估在支撑碳达峰、碳中和尤其是生态系统碳汇监管方面的不足，包括不同类型生态系统碳汇评估方法不统一、生态系统碳汇保护空间尚未划定、生态系统碳汇保护修复成效评估滞后等问题，以空间管控和质量提升为主要导向，为生态环境部门切实履行建立以空间管控和质量提升为目标的生态系统碳汇监管体系、统一行使生态系统碳汇监管等工作职责提供科技支撑。

围绕建立以空间管控和质量提升为目标的生态系统碳汇监管体系，面向统一监管的生态系统碳汇保护修复成效评估方法主要采用以下总体思路：首先，利用面向统一监管的生态系统碳汇评估方法、生态系统碳汇保护空间划定方法，形成长时间序列的全国生态系统碳汇"一张图"，获取全国生态系统碳汇保护空间矢量数据，为生态系统碳汇保护修复成效评估提供科学依据；其次，从空间管控和质量提升两个维度，构建面向统一监管的生态系统碳汇保护修复成效评估方法公式；最后，结合生态保护修复相关政策、规划、工程的评估范围、评估基期和评估期限等，对生态系统碳汇保护修复成效进行统一评估，为生态保护修复碳汇成效监测评估及碳汇能力持续巩固提升、碳达峰碳中和等相关监督考核提供科技支撑。

1.4.3.2　关键步骤

（1）确定评估范围和评估期限

生态系统碳汇保护修复成效是指生态保护修复相关政策、规划、工程等在生态系统碳汇保护修复、碳汇能力持续巩固提升等方面取得的效果。根据生态系统碳汇保护修复成效评估的实际需求，确定评估范围。①对于质量提升维度的生态系统碳汇保护修复成效评估，其评估范围是实施生态保护修复相关政策、规划、工程的行政区域或生态环境管控分区。例如，国家重点生态功能区、生态保护红线、自然保护地等生态功能重要区域，以及山水林田湖草沙一体化保护和修复工程、"三北"工程等重大生态修复工程实施区域。②对于空间管控维度的生态系统碳汇保护修复成效评估，评估范围是全国或相应的行政区域。通过将全国或行政区域内生态系统碳汇保护空间，与国家重点生态功能区、生态保护红线、自然保护地等生态环境管控分区以及重大生态修复工程实施区域进行叠加，判断全国或相应行政区域内生态系统碳汇保护空间是否得到了有效保护，为调整和完善现有生态保护修复策略提供决策依据。

根据生态保护修复相关政策、规划、工程等实施进展情况，确定生态系统碳汇保护修复成效评估基期、评估期限。其中，评估基期是指被评估区域内生态保护修复相关政策、规划、工程等实施的前一年或基准年，作为与评估期限内各项评估指标进行对比的初始时间。评估期限是指开展生态系统碳汇保护修复成效评估的时间段。

（2）收集评估相关数据资料

除面向统一监管的生态系统碳汇评估方法收集的相关数据资料，主要收集生态保护修复政策、规划、工程相关资料，包括评估范围的矢量边界数据，以及生态保护修复政策、规划、工程的实施内容、实施时间等相关材料。其中，评估范围包括国家重点生态功能区、生态保护红线、自然保护地等生态环境管控分区，山水林田湖草沙一体化保护和修复工程等重大生态修复工程实施区域，以及生态保护修复规划实施区域等。采用地理信息系统（GIS），对收集的相关数据进行预处理，包括数据格式转换、投影转换、重采样、空间插值。经过预处理后，各数据统一到同一坐标系下、统一为相同的图像分辨率，以便在后续步骤中进行叠加和计算。

（3）建立质量提升维度的生态系统碳汇保护修复成效评估方法

根据式（1-1）、式（1-2）和式（1-3），利用 ArcGIS 空间分析的地图代数工具，分别计算评估基期、评估期评估区域各斑块的生态系统碳汇，以及评估基期、评估期评估区域生态系统碳汇。通过 ArcGIS 空间分析的地图代数工具和区域分析工具，计算评估期限内各斑块生态系统碳汇质量提升率和评估区域生态系统碳汇质量提升率，计算公式如下：

$$R_{ij} = \frac{CS_{ij} - CS_{ik}}{CS_{ik}} \times 100\% \tag{1-6}$$

$$R_j = \frac{CS_j - CS_k}{CS_k} \times 100\% \tag{1-7}$$

式中，j 为评估期；k 为评估基期；R_{ij} 为评估期限内斑块 i 的生态系统碳汇质量提升率；CS_{ij}、CS_{ik} 分别为第 j 年、评估基期（第 k 年）斑块 i 的生态系统碳汇；R_j 为评估期限内评估区域的生态系统碳汇质量总提升率；CS_j、CS_k 分别为第 j 年、评估基期（第 k 年）评估区域生态系统碳汇。

通过分析 R_j，对生态系统碳汇保护修复成效进行评估，为优化生态保护修复工程布局、加强生态保护修复监管等提供科学依据。若 $R_j>0$，表明评估期限内评估区域生态系统碳汇上升，生态保护修复政策、规划、工程实施取得显著成效；若 $R_j<0$，表明评估期限内评估区域生态系统碳汇下降，可能遭受人类活动、自然灾害、气候变化等不利影响，导致生态系统碳汇下降，需引起相关部门的高度重视，加强对生态系统碳汇监测与评估，优化生态保护修复策略，巩固提升生态系统碳汇。

与 R_j 同理，R_{ij} 代表各斑块生态系统碳汇的保护修复成效。R_{ij} 越高，生态系统碳汇保护修复成效越高；$R_{ij}<0$ 的区域，需要加大生态保护修复力度。同时，通过对 R_{ij} 进行细化分析，可以更加精准地识别生态系统碳汇取得显著保护修复成效、存在保护修复空缺的区域，为制定实施具有针对性和差异化的生态保护修复策略提供科学依据，有助于促进生态保护修复政策、规划、工程等相关资源的优化配置与可持续利用，提升生态保护修复碳汇成效和生态系统碳汇监管水平。

（4）建立空间管控维度的生态系统碳汇保护修复成效评估方法

建立空间管控维度的生态系统碳汇保护修复成效评估方法，首先，以国土斑块为基本空间单元，利用 ArcGIS 空间分析的地图代数工具，将生态系统碳汇的高值区域和退化区域等生态系统碳保护空间，与国家重点生态功能区、生态保护红线、自然保护地等生态环境管控分区或重大生态修复工程实施区域进行叠加分析；其次，根据叠加分析结果，对评估区域内各国土斑块的生态系统碳汇保护修复成效进行统一编号、赋值。其中，各国土斑块的生态系统碳汇保护修复成效编号、赋值标准具体如表 1-1 所示。

表 1-1　生态系统碳汇保护修复成效编号、赋值标准

编号	是否位于生态系统碳汇保护空间	是否位于生态环境管控分区或重大生态修复工程实施区域
1	是	是
2	是	否
3	否	是
4	否	否

1）国土斑块层面

通过对各国土斑块的生态系统碳汇保护修复成效编号进行分类与分析，可以识别评估范围内生态系统碳汇保护空间得到有效保护修复的区域、存在保护修复空缺的区域及过度保护修复的区域。若国土斑块编号为 1，表明该区域是生态系统碳汇监管和生态保护修复的重点对象，且位于生态环境管控分区或重大生态修复工程实施区域，该区域生态系统碳汇得到有效保护修复；若国土斑块编号为 2，表明该区域是生态系统碳汇监管和生态保护修复的重点对象，但由于资金短缺或技术"瓶颈"等种种原因，目前尚未获得充分的生态保护修复措施，其生态系统碳汇往往面临退化风险，亟须填补生态保护修复空白，是未来生态系统碳汇监管和生态保护修复的重点对象；若国土斑块编号为 3，表明该区域不属于生态系统碳汇保护空间，但是获得生态保护修复资源的倾斜，可能源于生态保护修复政策、规划、工程的不精确性或资源配置的失衡，会影响整体生态保护修复的碳汇成效。因此，对于上述三类区域，需要进行生态系统碳汇保护修复成效的深入评估与优化调整，确保生态保护修复资源能够更加合理、高效地配置于生态系统碳汇关键区域，持续巩固提升碳汇能力。

2）评估区域层面

通过分析评估范围内各类编号的国土斑块数量及其所占比例，可以对评估范围内生态系统碳汇保护修复成效进行统一评估，并识别当前评估范围内生态系统保护修复的不足，计算公式如下：

$$P_1 = \frac{n_1}{n_1 + n_2} \times 100\% \tag{1-8}$$

$$P_2 = \frac{n_2}{n_1 + n_2} \times 100\% \tag{1-9}$$

$$P_3 = \frac{n_3}{n_1 + n_3} \times 100\% \qquad (1\text{-}10)$$

式中，n_1、n_2、n_3 分别为评估范围内编号为 1、2、3 的斑块数量；P_1 为评估范围内生态系统碳汇保护空间得到保护修复的区域所占比例；P_2 为评估范围内生态系统碳汇保护空间存在保护修复空缺的区域所占比例；P_3 为生态环境管控分区或重大生态修复工程实施区域内生态系统碳汇保护空间所占比例。

P_1 代表的是得到保护修复的生态系统碳汇保护空间所占比例。P_1 的值越高，评估区域内生态系统碳汇保护修复越有效，生态保护修复碳汇成效越高。P_2 代表的是评估范围内尚未得到有效保护修复的生态系统碳汇保护空间所占比例。P_2 的值越高，评估区域内存在保护修复空缺的生态系统碳汇保护空间越多，这意味着当前评估区域生态保护修复的覆盖面存在不足，或已实施的生态保护修复措施尚未全面覆盖所有关键生态区域，在保护修复存在空缺的区域需要加大生态保护修复力度、优化生态保护修复策略。P_3 为生态保护修复区域内生态系统碳汇保护空间所占比例。P_3 的值越高，自然保护地、生态保护红线等生态环境管控分区或重大生态修复工程对生态系统碳汇的保护修复作用越强。

1.4.3.3 主要成效

与现有的技术方法相比，面向统一监管的生态系统碳汇保护修复成效评估方法改善提升的方面主要包括：①从空间管控和质量提升两个维度，建立面向统一监管的生态系统碳汇保护修复成效评估方法，填补了当前生态系统碳汇保护修复成效、生态保护修复碳汇成效的方法缺失，为建立以空间管控和质量提升为目标的生态系统碳汇监管体系奠定基础；②以国土斑块为基本空间单元，可以对所有国土空间的生态系统碳汇保护修复成效进行统一评估、统一监管，可以全面掌握生态系统碳汇是否得到有效保护，以及生态保护修复政策、规划、工程等对生态系统碳汇的保护修复成效，持续巩固提升生态保护修复碳汇成效；③以国土斑块为基本空间单元，通过生态系统碳汇保护空间和生态环境管控分区、重大生态修复工程实施区域的叠加分析，可以全面识别得到有效保护修复、存在保护修复空缺的生态系统碳汇，为制定实施生态保护修复策略、全面巩固提升碳汇能力、强化生态系统碳汇统一监管等提供科学依据。

1.4.4 面向统一监管的碳汇能力巩固提升潜力估算方法

1.4.4.1 总体思路

面向统一监管的碳汇能力巩固提升潜力估算方法，旨在克服当前碳汇能力巩固提升潜力估算在支撑碳达峰、碳中和尤其是生态系统碳汇监管方面的不足，包括全国碳汇能力巩固提升的实际潜力尚不明晰、全国碳汇能力巩固提升潜力的重点区域尚未确定等问题，可以为生态环境部门履行生态系统碳汇监管职责、持续巩固提升碳汇能力等提供科技支撑。

针对当前全国碳汇能力巩固提升的实际潜力及其重点区域尚不明晰等问题，面向统一监管的碳汇能力巩固提升潜力估算方法采用以下总体思路：首先，利用面向统一监管的生态系统碳汇评估方法，对所有国土空间的生态系统碳汇进行统一评估，形成长时间序列的全国生态系统碳汇"一张图"，为面向统一监管的碳汇能力巩固提升潜力估算提供基础和依据；其次，综合考虑各国土斑块生态系统碳汇的现状值、最大值，建立面向统一监管的碳汇能力巩固提升实际潜力估算公式方法，确定碳汇能力巩固提升潜力重点区域的划定标准；最后，以国土斑块为基本空间单元，对所有国土空间的碳汇能力巩固提升实际潜力进行统一估算，识别碳汇能力巩固提升潜力的重点区域。

1.4.4.2　关键步骤

（1）建立面向统一监管的碳汇能力巩固提升实际潜力估算方法公式

以国土斑块为基本空间单元、年度为基本时间单元，综合考虑各国土斑块生态系统碳汇的现状值、最大值，建立面向统一监管的碳汇能力巩固提升实际潜力估算公式，估算碳汇能力巩固提升的实际潜力，主要包括：

$$MACS_i = \max(CS_{i1}, \ CS_{i2}, \cdots, \ CS_{im}) \tag{1-11}$$

$$MACS = \sum_{i=1}^{n} MACS_i \tag{1-12}$$

$$PCS = MACS - CS_m \tag{1-13}$$

$$PCS_i = MACS_i - CS_{im} \tag{1-14}$$

$$CS_m = \sum_{i=1}^{n} CS_{im} \tag{1-15}$$

式中，CS_{im} 为现状年第 i 个国土斑块的生态系统碳汇；CS_m 为现状年覆盖所有国土斑块的全国生态系统碳汇；第 m 年对应的年份为生态系统碳汇评估的现状年；n 为全国国土斑块的总数量；$MACS_i$ 为第 i 个国土斑块生态系统碳汇的最大值；$MACS$ 为全国生态系统碳汇的最大值，即评估时段内所有国土斑块生态系统碳汇的最大值之和；PCS_i 为第 i 个国土斑块碳能力巩固提升的实际潜力，$PCS_i \geqslant 0$；PCS 为全国碳汇能力巩固提升的实际潜力。

（2）估算碳汇能力巩固提升的实际潜力

采用面向统一监管的生态系统碳汇评估方法，对所有国土斑块的生态系统碳汇进行评估，形成长时间序列的全国生态系统碳汇"一张图"。基于此，利用式（1-11）式（1-14），估算各国土斑块碳汇能力巩固提升的实际潜力；同时，利用式（1-12）、式（1-13）和式（1-15），估算全国碳汇能力巩固提升的实际潜力，形成全国碳汇能力巩固提升实际潜力"一张图"。

（3）确定碳汇能力巩固提升潜力的重点区域划定标准

根据步骤（2）得到的全国碳汇能力巩固提升实际潜力"一张图"，取各国土斑块碳汇能力巩固提升实际潜力的平均值，作为碳汇能力巩固提升潜力的重点区域划定标准（PCSA），计算公式如下：

$$PCSA = \frac{\sum_{i=1}^{n} PCS_i}{n} \tag{1-16}$$

（4）划定面向统一监管的碳汇能力巩固提升潜力重点区域

1）识别碳汇能力巩固提升潜力的重点斑块

以国土斑块为基本空间单元，根据步骤（3）得到的PCSA，利用ArcGIS栅格数据处理功能，识别碳汇能力巩固提升潜力的重点斑块，即$PCS_i > PCSA$的国土斑块。

该类国土斑块的碳汇能力巩固提升潜力高于全国平均水平，是持续巩固提升碳汇能力、生态系统碳汇监管的重点斑块。

2）划定碳汇能力巩固提升潜力的重点区域

利用ArcGIS聚合功能，对碳汇能力巩固提升潜力的重点斑块进行聚合，得出碳汇能力巩固提升潜力的重点区域；利用ArcGIS数据格式转换工具，转换为面向统一监管的碳汇能力巩固提升潜力重点区域矢量范围，为建立实施以空间管控和质量提升为目标的生态系统碳汇监管体系提供科学依据。

3）识别碳汇能力巩固提升潜力的重点县域

按照县级行政区域内碳汇能力巩固提升潜力的重点斑块数量占县级行政区域国土斑块总数量的比例，对全国所有县级行政区域进行筛选，将碳汇能力巩固提升潜力的重点斑块数量占国土斑块总数量的比例≥80%的县级行政区域，确定为全国碳汇能力巩固提升潜力的重点县域，为碳汇能力巩固提升目标制定、生态系统碳汇监管等提供决策依据。

1.4.4.3　主要成效

与现有的技术方法相比，面向统一监管的碳汇能力巩固提升潜力估算方法改善提升的方面主要包括：①从碳汇能力巩固提升的实际潜力估算及重点区域确定等方面，建立面向统一监管的碳汇能力巩固提升潜力估算方法，为建立以空间管控和质量提升为目标的生态系统碳汇监管体系奠定基础，有利于生态环境部门对生态系统碳汇实施统一、精准、高效的监管；②对所有国土空间的碳汇能力巩固提升实际潜力进行估算，确定碳汇能力巩固提升潜力的重点区域，有助于解决当前全国碳汇能力巩固提升的实际潜力及其重点区域尚不明晰等问题；③以国土斑块为基本空间单元，估算所有国土空间的碳汇能力巩固提升潜力，识别碳汇能力巩固提升潜力的重点斑块，为碳汇能力持续巩固提升、生态保护修复工程科学布局、生态保护修复工程碳汇成效监测评估等提供科学依据，全面挖掘所有国土斑块碳汇能力的巩固提升潜力，充分发挥生态系统碳汇在实现碳达峰、碳中和中的重要作用。

第2章

全国生态系统碳汇评估预测研究

内容摘要

本章利用面向统一监管的生态系统碳汇方法体系，以国土斑块为基本空间单元、年度为基本时间单元，对全国生态系统碳汇进行评估预测，分析 2000—2022 年全国生态系统碳汇动态变化、地域差异等时空变化特征，揭示全国生态系统碳汇空间聚集性，识别全国生态系统碳汇高值区域、退化区域等生态系统碳汇保护重点区域，估算全国及各省级行政区生态系统碳汇能力的巩固提升潜力，揭示碳汇能力巩固提升潜力的地域差异，明确碳汇能力巩固提升的重点地区，为实施生态系统碳汇统一监管、碳汇能力巩固提升及碳达峰、碳中和相关决策部署提供科学依据。

2.1 研究方法

本研究利用面向统一监管的生态系统碳汇方法体系，开展 2000—2022 年全国生态系统碳汇评估、碳汇能力巩固提升潜力估算、生态系统碳汇高值区域和退化区域等研究。结合趋势分析、聚类分析等，揭示 2000—2022 年全国及省级、地级行政区域生态系统碳汇时空演变特征。

2.1.1 生态系统碳汇评估预测

全国生态系统碳汇评估预测以国土斑块（500 m×500 m）为基本空间单元、以年度为基本时间单元，主要采用本研究建立的面向统一监管的生态系统碳汇方法体系，包括面向统一监管的生态系统碳汇评估、生态系统碳汇保护空间（高值区域、退化区域）划定、碳汇能力巩固提升潜力估算方法。

2.1.2　生态系统碳汇趋势分析

本研究采用一元线性回归方法，对生态系统碳汇时间序列进行分析，以趋势率表示 2000—2022 年生态系统碳汇变化趋势。其中，趋势率计算公式如下：

$$\theta_{slope} = \frac{n \times \sum_{i=1}^{n}(i \times X_i) - \left(\sum_{i=1}^{n} i\right) \times \left(\sum_{i=1}^{n} X_i\right)}{n \times \sum_{i=1}^{n} i^2 - \left(\sum_{i=1}^{n} i\right)^2} \tag{2-1}$$

式中，n 为研究时间序列的长度；i 为第 i 年；X_i 为第 i 年生态系统碳汇；θ_{slope} 为趋势率，表示生态系统碳汇随时间变化的速率。

2.1.3　生态系统碳汇聚类分析

空间自相关是通过计算某一位置方差与邻近位置方差的关系来判断其间是否存在相互依赖的地理统计学方法。

本研究采用 Moran's I 算法反映生态系统碳汇的空间关联与差异。利用 ArcGIS 软件的空间分析模块，采用 Anselin Local Moran's I 算法，对各地区单位面积生态系统碳汇进行空间聚类分析，揭示生态系统碳汇与其邻近区域生态系统碳汇的聚类关系。

$$I_i = \frac{x_i - \overline{X}}{S_i^2} \sum_{j=1, j \neq i}^{n} w_{i,j}(x_j - \overline{X}) \tag{2-2}$$

$$S_i^2 = \frac{\sum_{j=1, j \neq i}^{n}(x_j - \overline{X})}{n - 1} \tag{2-3}$$

式中，x_i 为要素 i 的一个属性；$\overline{X}$ 为该属性的均值；$w_{i,j}$ 为要素（i，j）的空间权重；n 为要素数量。

2.2　全国生态系统碳汇时空分析

2.2.1　全国生态系统碳汇动态变化

（1）生态系统碳汇总量

2000 年全国生态系统碳汇总量为 6.73 亿 t，2022 年全国生态系统碳汇总量增至

8.68 亿 t，其间增幅达 29.07%，多年平均值为 7.72 亿 t（表 2-1）。

表 2-1　2000—2022 年全国生态系统碳汇评估结果

年份	生态系统碳汇总量/亿 t	生态系统碳汇面积/万 km²	单位面积生态系统碳汇/（t/km²）
2000	6.73	683.19	98.47
2001	6.92	677.96	102.11
2002	7.30	677.96	107.66
2003	7.48	678.33	110.27
2004	7.38	678.34	108.72
2005	7.23	677.86	106.62
2006	7.36	678.37	108.55
2007	7.38	678.41	108.71
2008	7.44	678.30	109.71
2009	7.65	678.65	112.72
2010	7.40	683.37	108.31
2011	7.53	678.49	111.01
2012	7.59	678.15	111.85
2013	7.71	619.55	124.44
2014	7.78	678.53	114.62
2015	7.88	683.16	115.35
2016	7.81	678.38	115.15
2017	7.83	678.31	115.43
2018	8.06	683.72	117.89
2019	9.25	711.22	130.05
2020	8.48	711.43	119.20
2021	8.60	710.99	121.01
2022	8.68	715.40	121.37
多年平均值	7.72	682.52	113.01

如图 2-1 所示，2000—2022 年全国生态系统碳汇总量呈显著上升趋势（R^2=0.783 9）。全国生态系统碳汇总量显著增长的变化趋势，反映了我国在生态环境保护与恢复方面的持续努力和政策推动。2000 年以来，我国生态环境问题受到广泛的关注，国家启动实施

了一系列生态保护修复重大工程，如退耕还林还草工程、天然林保护工程等，生态退化、生态破坏的趋势得到遏制。这些重大工程的实施不仅有效增加了森林、草地等生态系统面积，还提升了生态系统碳汇能力。

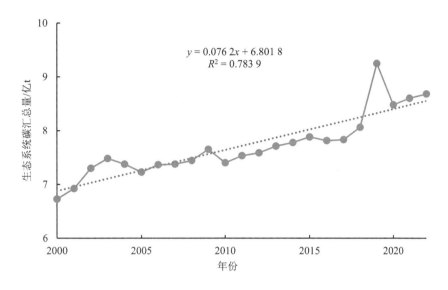

图 2-1　2000—2022 年全国生态系统碳汇总量变化趋势

（2）生态系统碳汇面积

2000 年全国生态系统碳汇面积为 683.19 万 km²，2022 年全国生态系统碳汇面积增至 715.40 万 km²，增幅为 4.72%。值得注意的是，2018 年前全国生态系统碳汇面积相对稳定，自 2019 年起显著提升。究其原因，2016 年我国山水林田湖草生态保护修复工程试点开始启动，2016 年、2017 年、2018 年分别启动实施了第一批、第二批、第三批山水林田湖草生态保护修复工程试点项目，到 2019 年项目的实施成效逐渐显现，生态系统碳汇面积显著增加。山水林田湖草生态保护修复工程试点项目以生命共同体的重要理念为指导，对山上山下、地上地下、陆地海洋以及流域上下游进行整体保护、系统修复、综合治理，改变了治山、治水、护田各自为政的工作局面，极大地推动生态系统碳汇面积增加。

（3）单位面积生态系统碳汇

单位面积生态系统碳汇不断增加。2000 年全国单位面积生态系统碳汇为 98.47 t/km²，2022 年全国单位面积生态系统碳汇增至 121.37 t/km²，增幅为 23.26%，多年平均值为 113.01 t/km²。2000—2022 年，全国单位面积生态系统碳汇呈现随时间增加的趋势（图 2-2，R^2=0.737 1）。单位面积生态系统碳汇的增加，反映了生态系统碳汇能力的提升。这可能与多个因素有关，包括植被类型优化、生态系统管理改进及气候变化影响等。例如，随着气候变暖和大气中二氧化碳浓度增加，植物光合作用效率提高，从而增加了生态系统碳汇能力。此外，生态系统管理措施的改进，如科学的森林经营和草地管理，也可以显著提升单位面积生态系统碳汇。

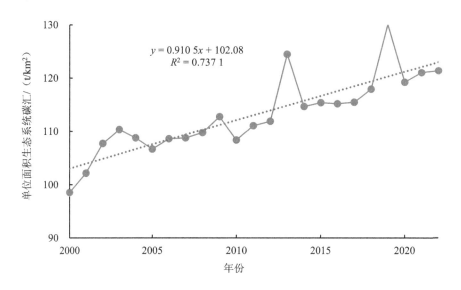

图 2-2　2000—2022 年全国单位面积生态系统碳汇变化趋势

2.2.2　全国生态系统碳汇地域差异

（1）生态系统碳汇总量

2000—2022 年全国生态系统碳汇存在较大的地域差异（图 2-3）。从生态系统碳汇总量的多年平均值来看，生态系统碳汇排名前 10 的省级行政区依次为云南、四川、内蒙古、广西、黑龙江、广东、西藏、贵州、湖南和江西。其中，生态系统碳汇总量多年年均值最高的是云南，为 9 510.94 万 t（图 2-4）。

从各地生态系统碳汇总量趋势率来看，除台湾外，各省级行政区生态系统碳汇总量趋势率均为正值，说明 2000—2022 年生态系统碳汇总量呈上升趋势。其中，内蒙古生态系统碳汇总量趋势率最大，为 104.37 万 t/a，其次为四川、黑龙江、陕西、云南等省级行政区，生态系统碳汇趋势率均超过 40 万 t/a。

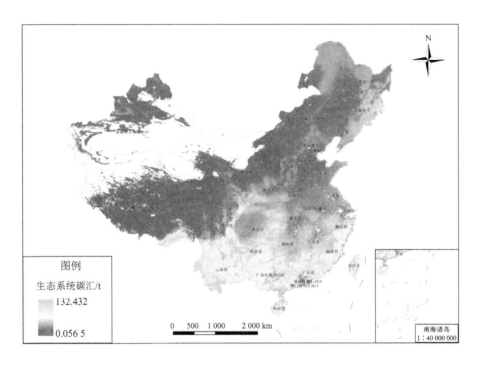

图2-3　全国生态系统碳汇多年平均值分布

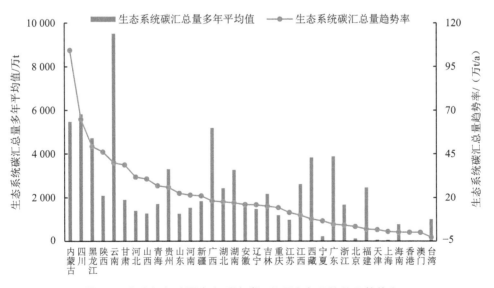

图2-4　各省级行政区生态系统碳汇总量多年平均值及趋势率

（2）生态系统碳汇面积

从各省级行政区生态系统碳汇面积来看，西藏、内蒙古、新疆、青海等西部地区生态系统碳汇面积较大，多年平均值均超过 50 万 km²。其中，内蒙古生态系统碳汇面积最大，多年平均值为 82.47 万 km²，占土地面积的比例为 71.97%；其次是西藏，多年平均值为 82.18 万 km²（图 2-5）。

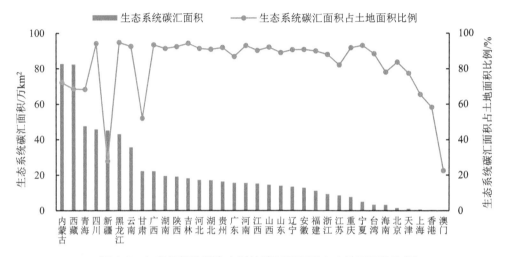

图 2-5　各省级行政区生态系统碳汇面积及占土地面积的比例

从多年平均生态系统碳汇面积占土地面积的比例来看，在 34 个省级行政区域中，黑龙江、吉林、四川、广西、河南、宁夏、云南、陕西、山西等 17 个省级行政区生态系统碳汇面积占其土地面积的比例超过 90%。仅有 2 个省级行政区生态系统碳汇面积占其土地面积的比例低于 50%，为澳门特别行政区和新疆维吾尔自治区。

（3）单位面积生态系统碳汇

从各省级行政区单位面积生态系统碳汇来看（图 2-6），台湾、香港、云南、广东、海南、广西、福建、贵州 8 个省级行政区的单位面积生态系统碳汇多年平均值均高于 200 t/km²，此外还有浙江、江西、湖南、重庆、湖北、四川、澳门、安徽、上海、吉林、江苏 11 个省级行政区的单位面积生态系统碳汇高于全国平均水平（113.01 t/km²）。其中，台湾的单位面积生态系统碳汇最高，为 313.60 t/km²；青海、新疆、西藏、宁夏的单位面积生态系统碳汇相对较小，不足 50 t/km²。

究其原因，主要包括：①自然地理条件尤其是气候条件是影响生态系统碳汇的重要因素。西南、华南、东南沿海地区气候条件优越，植被类型丰富、植被覆盖率高，生态系统碳汇能力较强。②森林覆盖率对生态系统碳汇具有显著影响。森林生态系统是重要的生态系统碳汇,森林覆盖率较高的地区如云南、海南、福建等,其生态系统碳汇能力明显较强。③生态保护修复工程项目的实施也是影响生态系统碳汇地域差异的重要因素。通过提高植被覆盖率、恢复退化生态系统等,生态保护修复工程有助于各地生态系统碳汇能力的提升。

从各地单位面积生态系统碳汇趋势率来看,除台湾外,其他省级行政区单位面积生态系统碳汇趋势率均为正值,表明 2000—2022 年单位面积生态系统碳汇总体呈增长趋势。其中,陕西省单位面积生态系统碳汇趋势率最高,为 2.25 t/(km²·a),其次是北京市,为 2.19 t/(km²·a)。此外,山西、重庆、河北、甘肃等 17 个省级行政区单位面积生态系统碳汇趋势率均超过 1 t/(km²·a)。

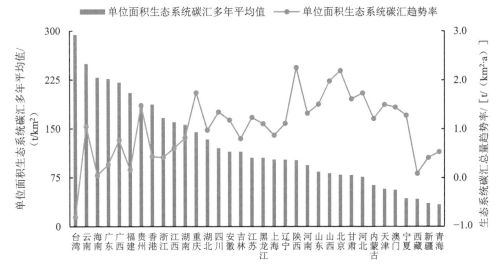

图 2-6　各省级行政区单位面积生态系统碳汇及趋势率

表 2-2　2000—2022 年全国生态系统碳汇评估结果

地区	生态系统碳汇/ (万 t/a)	单位面积生态系统碳汇/ (t/km²)	生态系统碳汇总面积占土地 面积的比例/%
北京市	120.07	87.19	83.68
天津市	59.35	64.13	77.33
河北省	1 396.80	81.28	91.24
山西省	1 267.09	87.68	92.02
内蒙古自治区	5 477.00	66.39	71.97
辽宁省	1 469.49	110.10	90.59
吉林省	2 168.74	120.66	94.10

地区	生态系统碳汇/ （万 t/a）	单位面积生态系统碳汇/ （t/km²）	生态系统碳汇总面积占土地 面积的比例/%
黑龙江省	4 730.73	110.34	94.67
上海市	57.72	122.27	65.41
江苏省	975.25	115.51	82.09
浙江省	1 666.06	181.75	88.02
安徽省	1 561.56	122.64	90.71
福建省	2 455.47	222.85	89.98
江西省	2 609.87	173.20	90.22
山东省	1 252.47	90.33	88.89
河南省	1 532.85	99.43	93.03
湖北省	2 426.36	143.67	90.83
湖南省	3 258.83	168.53	91.21
广东省	3 879.93	250.09	86.85
广西壮族自治区	5 189.49	235.25	93.29
海南省	7 66.71	245.56	78.01
重庆市	1 185.39	156.58	91.74
四川省	5 821.28	127.30	94.04
贵州省	3 296.96	203.73	91.91
云南省	9 510.94	268.38	92.45
西藏自治区	3 827.88	46.68	68.35
陕西省	2 086.79	109.79	92.20
甘肃省	1 895.83	85.64	51.93
青海省	1 707.68	35.97	68.15
宁夏回族自治区	222.23	45.88	92.98
新疆维吾尔自治区	1 834.72	40.76	27.66
香港特别行政区	17.01	270.58	58.20
澳门特别行政区	0.07	122.66	22.43
台湾地区	1 006.37	313.60	88.31

2.2.3　全国生态系统碳汇聚类分析

以各市（含地级市与直辖市）单位面积生态系统碳汇为分析变量，开展基于 Moran's I 指数的全国生态系统碳汇空间聚类分析。结果显示，全国单位面积生态系统碳汇的

Moran's I 指数为 0.613 4，且 z 得分为 42.17，p 值为 0.000 000[①]，说明我国生态系统碳汇地域分布在 99.9% 置信度下存在极显著的空间正相关性，生态系统碳汇高值、生态系统碳汇低值的空间聚集特征明显（图 2-7）。生态系统碳汇高-高聚集、低-低聚集呈集中分布。

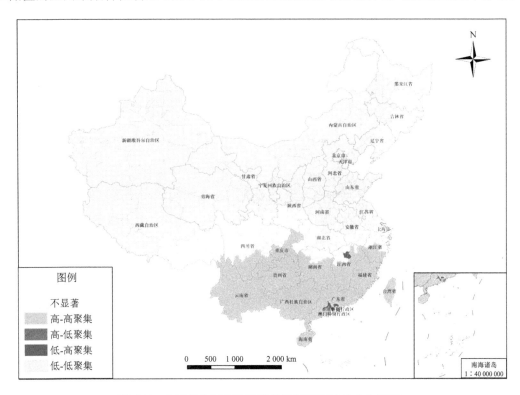

图 2-7　全国单位面积生态系统碳汇空间聚类分布特征

从不同空间聚集特征数量统计来看，全国单位面积生态系统碳汇高-高聚集的城市数量为 112 个，占全国总数的 29.87%。高-高聚集区域主要分布在我国南方地区，包括海南、台湾、广西、云南、贵州、福建等省级行政区。由于这些地区气候、地形地貌及植被覆盖等自然条件优越，生态系统碳汇能力尤为突出，在固碳释氧、维持生态平衡方面发挥着重要作用。作为碳汇能力持续巩固提升的关键区域，高-高聚集区域不仅是我国生态系统碳汇较高的区域，也是生态系统碳汇统一监管的重点区域。

与此同时，全国范围内还存在大量生态系统碳汇能力偏低的冷点区域，即低-低聚集特征的区域，数量高达 159 个，占全国总数的 42.40%。新疆、宁夏、山西、河北、北京、天津、山东、河南等地全域均为低-低聚集区域，这意味着上述省级行政区在碳汇能力巩

---

① 在 95% 置信度下，p 值 < 0.05，表示观测到的空间模式不太可能是随机分布的，即存在显著的空间自相关性；z 得分 > 1.65，表示存在正的空间自相关性，即相似的值在空间上趋于聚集。

固提升方面面临更为严峻的挑战。低-低聚集区域不仅是我国碳汇能力提升的难点区域，也是实现区域可持续发展、应对气候变化挑战的关键所在，亟须通过科学规划、政策引导和技术创新等手段，加强生态系统保护与修复，提升其碳汇能力。

2.3　全国生态系统碳汇重点区域分析

2.3.1　生态系统碳汇高值区域

2000—2022 年，全国生态系统碳汇高值区域面积为 300.47 万 km^2，占全国生态系统碳汇总面积的 40.89%。

从生态系统碳汇高值区域分布来看，全国生态系统碳汇高值区域的聚集趋势显著（图 2-8）。我国生态系统碳汇高值区域主要分布在华南、西南、东南沿海地区及大小兴安岭地区。其中，云南生态系统碳汇高值区域面积最大，为 37.33 万 km^2，占全国碳汇高值区域总面积的比例达到 12.42%，此外，四川、广西、黑龙江、湖南、贵州、广东、江西等省级行政区生态系统碳汇高值区域面积占全国碳汇高值区域总面积的比例均大于等于 5%（表 2-3）。

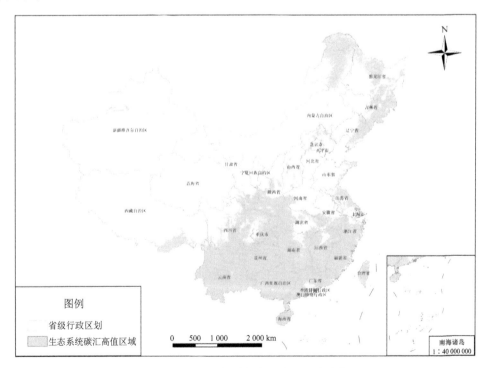

图 2-8　全国生态系统碳汇高值区域分布

表 2-3 2000—2022 年全国生态系统碳汇高值区域评估结果

地区	生态系统碳汇高值区域面积/km²	生态系统碳汇高值区域面积占其生态系统碳汇总面积的比例/%	生态系统碳汇高值区域面积占全国碳汇高值区域总面积的比例/%
北京市	1 893.50	12.47	0.06
天津市	18.25	0.18	0
河北省	27 735.75	15.09	0.92
山西省	26 401.50	17.00	0.88
内蒙古自治区	138 926.00	16.05	4.62
辽宁省	59 636.25	41.62	1.98
吉林省	90 760.50	48.03	3.02
黑龙江省	203 555.50	45.43	6.77
上海市	3 808.50	67.82	0.13
江苏省	56 122.25	60.80	1.87
浙江省	89 853.25	89.71	2.99
安徽省	61 350.00	45.09	2.04
福建省	117 866.50	98.40	3.92
江西省	150 369.00	92.20	5.00
山东省	20 813.50	13.92	0.69
河南省	28 787.50	17.66	0.96
湖北省	124 919.25	68.73	4.16
湖南省	191 734.00	91.73	6.38
广东省	160 846.50	93.90	5.35
广西壮族自治区	232 791.00	99.12	7.75
海南省	32 981.00	98.30	1.10
重庆市	71 254.25	86.95	2.37
四川省	265 657.00	54.84	8.84
贵州省	175 110.50	99.67	5.83
云南省	373 331.75	97.96	12.42
西藏自治区	78 022.50	8.60	2.60
陕西省	106 750.50	52.10	3.55
甘肃省	59 820.25	24.79	1.99
青海省	2 845.50	0.57	0.09

地区	生态系统碳汇高值区域面积/km²	生态系统碳汇高值区域面积占其生态系统碳汇总面积的比例/%	生态系统碳汇高值区域面积占全国碳汇高值区域总面积的比例/%
宁夏回族自治区	1 282.25	2.49	0.04
新疆维吾尔自治区	15 171.50	2.96	0.50
香港特别行政区	840.00	92.46	0.03
澳门特别行政区	6.50	53.06	0
台湾地区	33 446	97.76	1.11

　　从生态系统碳汇高值区域面积占其生态系统碳汇总面积的比例来看，贵州、广西、福建、海南、云南、台湾 6 个省级行政区生态系统碳汇高值区域面积占其生态系统碳汇总面积的比例均超过 95%，贵州、广西、福建、海南、云南、台湾、广东、香港、江西、湖南、浙江、重庆、湖北、上海、江苏、四川、澳门、陕西 18 个省级行政区生态系统碳汇高值区域面积占其生态系统碳汇总面积的比例超过 50%；西藏、新疆、宁夏、青海、天津 5 个省级行政区生态系统碳汇高值区域面积占其生态系统碳汇总面积的比例不足 10%。其中，贵州省生态系统碳汇高值区域面积占其生态系统碳汇总面积的比例最高，达到 99.67%；其次是广西壮族自治区，生态系统碳汇高值区域面积占其生态系统碳汇总面积的比例达 99.12%（图 2-9）。

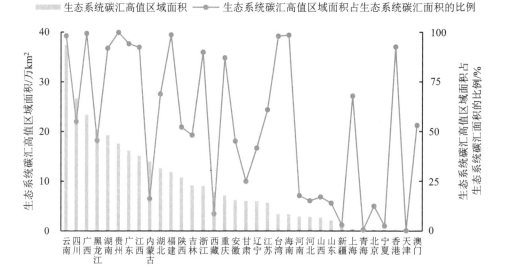

图 2-9　省域生态系统碳汇高值区域面积

2.3.2　生态系统碳汇退化区域

2022 年，全国生态系统碳汇退化区域面积为 207.36 万 km², 占全国生态系统碳汇总面积的 28.22%（图 2-10）。

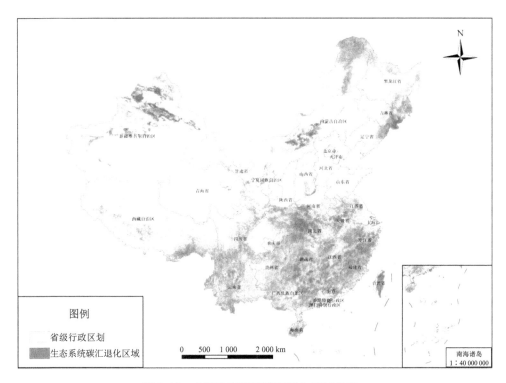

图 2-10　全国生态系统碳汇退化区域分布

从生态系统碳汇退化区域分布来看（图 2-11），新疆维吾尔自治区生态系统碳汇退化区域面积最大，为 191 960.5 km²，占全国碳汇退化区域总面积的比例达到 9.26%，此外，云南、内蒙古、西藏、四川、湖南、湖北、广西等省（区）生态系统碳汇退化区域面积也较大，占全国碳汇退化区域总面积的比例均超过 5%。从各省域生态系统碳汇退化区域面积占其生态系统碳汇总面积的比例来看，台湾、浙江、福建、湖北、湖南、江西、广东、海南、安徽、广西、云南、香港、贵州、新疆、重庆、吉林、河南 17 个省级行政区的生态系统碳汇退化区域面积占其生态系统碳汇总面积的比例超过全国生态系统碳汇退化区域面积比例，台湾、浙江、福建、湖北、湖南、江西、广东、海南 8 个省级行政区生态系统碳汇退化区域面积占其生态系统碳汇总面积的比例超过 50%；北京、山东、青海、河北、天津 5 个省级行政区生态系统碳汇退化区域面积占其生态系统碳汇总面积的比例低于10%。其中，台湾地区生态系统碳汇退化区域面积比例最高，为68.50%；天津市生态系统碳汇退化区域面积比例最低，仅为3.23%（表2-4）。

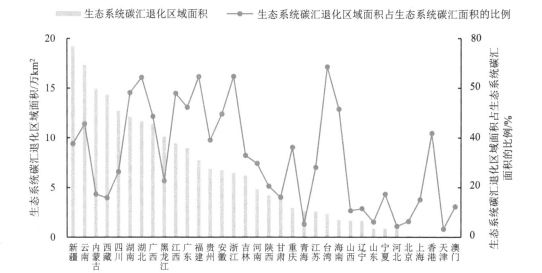

图2-11　省域生态系统碳汇退化区域面积

表2-4　2000—2022年全国生态系统碳汇退化区域评估结果

地区	生态系统碳汇退化区域面积/km²	退化区域面积占生态系统碳汇面积的比例/%	退化区域面积占全国退化区域总面积的比例/%
北京市	951.75	6.27	0.05
天津市	332.25	3.23	0.02
河北省	7 973.75	4.34	0.38
山西省	16 485.00	10.62	0.80
内蒙古自治区	149 248.50	17.24	7.20
辽宁省	16 413.00	11.46	0.79
吉林省	61 989.50	32.81	2.99
黑龙江省	101 194.50	22.59	4.88
上海市	845.50	15.06	0.04
江苏省	25 833.75	27.99	1.25
浙江省	64 680.75	64.58	3.12
安徽省	67 331.75	49.48	3.25
福建省	77 237.25	64.48	3.72
江西省	94 243.50	57.79	4.55
山东省	9 047.25	6.05	0.44

地区	生态系统碳汇退化区域面积/km²	退化区域面积占生态系统碳汇面积的比例/%	退化区域面积占全国退化区域总面积的比例/%
河南省	48 264.50	29.60	2.33
湖北省	116 684.25	64.20	5.63
湖南省	121 346.25	58.06	5.85
广东省	89 335.75	52.16	4.31
广西壮族自治区	113 967.50	48.52	5.50
海南省	17 260.75	51.44	0.83
重庆市	29 552.00	36.06	1.43
四川省	127 045.00	26.22	6.13
贵州省	68 404.50	38.93	3.30
云南省	173 465.25	45.52	8.37
西藏自治区	143 136.75	15.79	6.90
陕西省	41 987.75	20.49	2.02
甘肃省	38 722.00	16.05	1.87
青海省	25 906.75	5.15	1.25
宁夏回族自治区	8 890.50	17.29	0.43
新疆维吾尔自治区	191 960.50	37.49	9.26
香港特别行政区	379.75	41.80	0.02
澳门特别行政区	1.50	12.24	0
台湾地区	23 434.25	68.50	1.13

2.3.3　生态系统碳汇重点区域综合分析

从生态系统高值区域和生态系统退化区域面积来看（图 2-12），台湾、福建、浙江、湖南、江西、广东、湖北、海南、广西等南方地区生态系统碳汇高值区域较大，同时退化区域占碳汇面积比例同样较高，说明这些地区拥有丰富的生态资源和较高的生态系统碳汇能力，但在享受生态环境带来的碳汇效益的同时，也面临着生态系统退化的严峻挑战，需要平衡经济发展与生态保护的关系。

天津、青海、北京、山东、河北、西藏、宁夏、陕西、内蒙古、甘肃等西部和北部地区则高值区域和退化区域面积都占比较低，这些地区高值区域低是由特定生态环境特点决定的，青海和西藏等西部地区的高海拔和特殊气候条件导致植被覆盖率相对较低，而天津、北京、山东等华北地区则受到城市化进程、工业化发展等人工条件和自然气候条件的双重影响。同时，这些地区退化区域占比较低，说明得益于当地生态环境保护修复政策和工程，生态系统状况相对平稳。

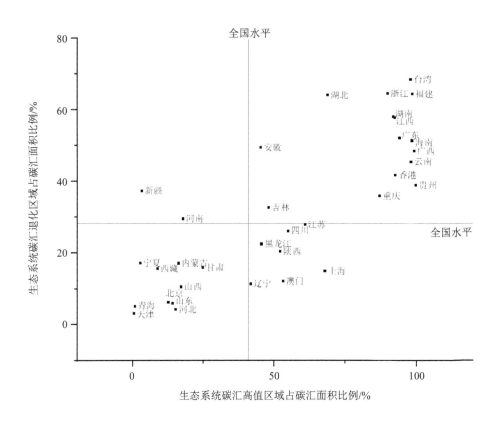

图 2-12　各地生态系统碳汇高值区域和退化区域对比

上海、澳门、辽宁、陕西、黑龙江等地区生态系统高值区域占比高于全国平均水平，但保持了退化区域占比低于全国平均水平，说明这些地区自然禀赋优越，具有较强的生态系统碳汇能力，同时在经济发展过程中注重了生态保护。

新疆、河南生态系统高值区域占比低于全国平均水平，但退化区域占比高于全国平均水平，说明这些地区生态系统碳汇存在较大的提升空间，需要加大力度进行生态修复和环境保护，以缓解生态系统退化的趋势。

综上所述，通过对各省级行政区域生态系统碳汇高值区域和退化区域进行分析，明确全国碳汇能力的空间分布格局，为制定差异化的生态保护与碳汇管理策略提供重要依据。未来，应针对不同区域的特点采取针对性的措施，加大生态系统保护与恢复力度，进一步巩固和提升碳汇能力，共同推动全国生态系统碳汇能力的整体提升，为实现碳中和目标贡献力量。

2.4　全国生态系统碳汇潜力预测研究

经研究预测估算，全国生态系统碳汇能力的巩固提升潜力为 16 294.82 万 t，相较现状年（2022 年）提升率为 18.8%（图 2-13）。

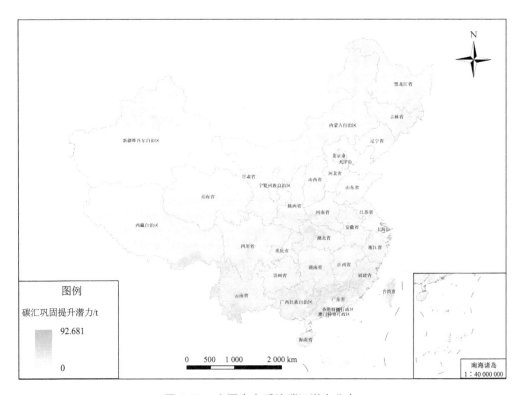

图 2-13　全国生态系统碳汇潜力分布

从碳汇能力的巩固提升潜力分布来看，云南、广西、四川、内蒙古 4 个省级行政区碳汇能力的巩固提升潜力相对较大，均超过 1 000 万 t；其次是广东、西藏、湖南、湖北、江西、福建、黑龙江、新疆、贵州 9 个省级行政区，其碳汇能力的巩固提升潜力均超过 500 万 t，这些地区是持续巩固提升碳汇能力的重点区域（图 2-14）。

从碳汇能力的巩固提升率来看，澳门、香港、湖北、新疆、福建、安徽、台湾、河南、江西、浙江、湖南、广东、海南、江苏、西藏、广西、宁夏、上海 18 个省级行政区碳汇能力的巩固提升率超过全国碳汇能力的巩固提升率（18.8%）；青海、河北、辽宁、天津 4 个省级行政区碳汇能力的巩固提升率相对较低，不足 10%。其中，青海省碳汇能力的巩固提升率最低，为 7.9%（图 2-14）。

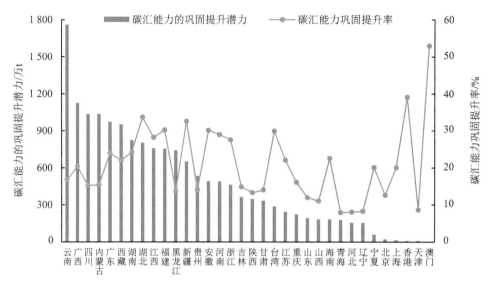

图 2-14　各省级行政区碳汇能力巩固提升潜力及提升率

在碳汇能力达到巩固提升潜力的情况下，我国单位面积生态系统碳汇可以达到 140.15 t/km²，单位面积生态系统碳汇提升潜力为 18.81 t/km²，提升率为 15.51%。单位面积生态系统碳汇提升潜力最大的是台湾，达 73.12 t/km²。湖北省单位面积生态系统碳汇提升率最高，达 31.47%。此外，福建、安徽、江西、台湾、河南、浙江、湖南、海南、香港、广东等省级行政区单位面积生态系统碳汇提升率超过 20%（图 2-15、表 2-5）。

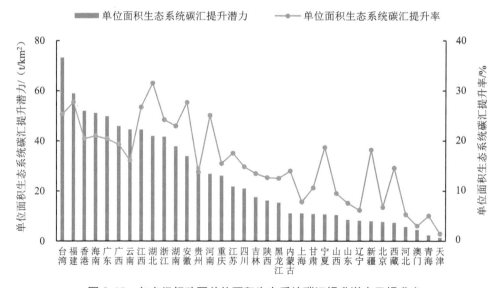

图 2-15　各省级行政区单位面积生态系统碳汇提升潜力及提升率

表 2-5　各省级行政区生态系统碳汇能力的巩固提升潜力

地区	碳汇能力巩固提升潜力/万 t	碳汇能力的巩固提升率/%	单位面积碳汇提升潜力/（t/km²）	单位面积碳汇提升率/%
北京市	20.71	12.64	7.70	6.76
天津市	7.72	8.62	1.32	1.41
河北省	152.43	7.99	5.65	5.30
山西省	183.26	10.97	10.36	9.50
内蒙古自治区	1 033.99	15.35	10.99	13.96
辽宁省	152.83	8.26	8.12	6.16
吉林省	361.22	14.88	17.49	13.44
黑龙江省	738.95	13.63	15.26	12.48
上海市	14.22	20.03	10.99	7.81
江苏省	242.07	22.04	21.63	17.50
浙江省	461.48	27.50	41.58	24.17
安徽省	490.59	30.05	33.77	27.63
福建省	751.99	30.14	58.79	27.70
江西省	755.37	28.12	44.47	26.70
山东省	191.82	11.94	8.47	7.57
河南省	487.75	28.89	26.72	25.04
湖北省	800.18	33.62	41.88	31.47
湖南省	823.09	24.16	37.74	22.92
广东省	970.41	23.89	49.71	20.36
广西壮族自治区	1 123.36	20.29	45.81	19.27
海南省	181.90	22.54	51.02	20.93
重庆市	220.64	16.10	25.99	15.45
四川省	1 034.12	15.18	20.87	14.79
贵州省	532.03	14.02	29.69	13.71
云南省	1 757.41	16.72	44.49	16.04
西藏自治区	950.36	21.97	7.39	14.55
陕西省	345.33	13.29	16.10	12.63
甘肃省	331.69	13.98	10.74	10.60
青海省	175.97	7.90	2.29	5.04

地区	碳汇能力巩固提升潜力/万 t	碳汇能力的巩固提升率/%	单位面积碳汇提升潜力/（t/km²）	单位面积碳汇提升率/%
宁夏回族自治区	57.90	20.06	10.60	18.67
新疆维吾尔自治区	650.09	32.54	7.96	18.19
香港特别行政区	7.80	39.07	51.83	20.43
澳门特别行政区	0.06	52.96	4.45	3.01
台湾地区	285.30	29.84	73.12	25.24
全国	16 294.82	18.80	18.81	15.51

综上所述，我国生态系统碳汇仍有巩固提升潜力，但是碳汇能力的巩固提升潜力具有显著的地域差异，这意味着持续巩固提升碳汇能力应因地制宜，选择重点地区布局、实施相应的生态保护修复工程项目等。对于我国持续巩固提升碳汇能力的重点区域，应当把持续巩固提升碳汇能力、生态保护修复工程实施成效作为生态保护修复监管的重要方面，作为生态保护修复规划、措施、工程等布局及碳达峰、碳中和相关监督考核的重要导向和重要依据。

第3章

国家重大战略区域生态系统碳汇评估预测
——京津冀地区

内容摘要

本章利用面向统一监管的生态系统碳汇方法体系，对 2000—2022 年京津冀地区生态系统碳汇进行统一评估，分析京津冀地区生态系统碳汇总量、生态系统碳汇面积、单位面积生态系统碳汇的动态变化、地域差异等时空变化特征，揭示京津冀地区生态系统碳汇空间聚集性，识别京津冀地区生态系统碳汇高值区域、退化区域及其地域分布情况。基于此，对京津冀地区生态系统碳汇进行统一预测，确定京津冀地区生态系统碳汇总量潜力、碳汇能力的巩固提升潜力、单位面积生态系统碳汇潜力及其提升量、提升率，为京津冀地区碳汇能力持续巩固提升、生态系统碳汇统一监管、有效发挥生态系统碳汇在实现碳达峰、碳中和中的重要作用提供科技支撑。

3.1 研究背景

3.1.1 京津冀协同发展战略

（1）主要进展

2014 年 2 月 26 日，习近平总书记在北京主持召开座谈会，专题听取京津冀协同发展工作汇报，强调实现京津冀协同发展，是面向未来打造新的首都经济圈、推进区域发展体制机制创新的需要，是探索完善城市群布局和形态、为优化开发区域发展提供示范和样板的需要，是探索生态文明建设有效路径、促进人口经济资源环境相协调的需要，是实现京津冀优势互补、促进环渤海经济区发展、带动北方腹地发展的需要，是一个重大国家战略，要坚持优势互补、互利共赢、扎实推进，加快走出一条科学持续的协同发展路子来。

2015 年 4 月 30 日，中共中央政治局召开会议，审议通过《京津冀协同发展规划纲要》，指出推动京津冀协同发展是一个重大国家战略，战略的核心是有序疏解北京非首都功能，调整经济结构和空间结构，走出一条内涵集约发展的新路子，探索出一种人口经济密集地区优化开发的模式，促进区域协调发展，形成新增长极，在京津冀交通一体化、生态环境保护、产业升级转移等重点领域率先取得突破。2016 年 2 月印发实施的《"十三五"时期京津冀国民经济和社会发展规划》是全国第一个跨省（市）的区域"十三五"规划，明确了京津冀地区未来五年的发展目标，提出京津冀地区的整体实力将进一步提升，生态环境质量明显改善，生产方式和生活方式绿色、低碳水平上升。

生态环境保护是京津冀协同发展需要率先取得突破的重点领域之一。2015 年 12 月，国家发展改革委和环境保护部联合印发《京津冀协同发展生态环境保护规划》，明确了京津冀生态保护和建设区域布局和分区建设重点，提出了京津冀生态环境保护和治理重大任务、重大工程。《京津冀协同发展生态环境保护规划》按照京津保中心区过渡带、坝上高原生态防护区、燕山-太行山水源涵养区、低平原生态修复区、沿海生态防护区 5 个区域研究提出了生态保护和修复的治理措施，强调要创新生态环境联动管理的体制机制，建立京津冀地区生态环境保护协调机制、水资源统一调配制度、跨区域联合监察执法机制、区域应急协调联动等，建立区域一体化的生态环境监测网络、信息网络和应急体系。为加强京津冀地区生态环境保护，2015 年 12 月，京津冀三地环境保护厅（局）正式签署了《京津冀区域环境保护率先突破合作框架协议》，以大气、水、土壤污染防治为重点，以统一立法、统一规划、统一标准、统一监测、协同治污等为突破口，联防联控，共同改善区域生态环境质量，共享区域生态环境质量改善成果。2022 年 6 月，京津冀三地生态环境部门联合签署了《"十四五"时期京津冀生态环境联建联防联治合作框架协议》，围绕大气污染联防联控、水环境联保联治、危险废物处置区域合作、绿色低碳协同发展、生态环境执法和应急联动、完善组织协调机制六大方面进一步深化三地协同内容，结合"十四五"时期生态环境保护新形势、新要求，增加了绿色低碳协同发展等相关内容。"十四五"时期，京津冀三地将以减污降碳协同增效为总抓手，聚焦重点领域、重点区域，深入打好污染防治攻坚战，推进绿色低碳创新，积极开展气候投融资试点，协同推进生物多样性保护等。

（2）主要成效

京津冀协同发展战略提出 10 年来，京津冀三地生态环境质量改善成效显著，成为绿色治理的典范。京津冀三地成功创建国家生态文明建设示范区 22 个、"绿水青山就是金山银山"实践创新基地 20 个,不断形成良好生态格局,为绿色城市群建设探路,为美丽中国树立样板。

一是协同发展走深走实。京津冀三地共同健全完善了大气污染联防联控、重点流域联保联治、信息共享、执法联动、突发水环境事件联合应急演练、环评会商、信访举报、生态环境损害赔偿等 10 余项协同工作机制,确保了生态环境治理的深入推进。联合成立京津冀生态协同专题工作组,制定实施两批次共 44 项走深走实措施清单,京津冀三地生态环境、水务、园林绿化等九部门携手联动,统筹山水林田湖草沙"大环保"系统治理。联合成立京津冀生物多样性协同创新中心,共同开展生物多样性调查。

二是区域生态环境质量同步改善。京津冀三地持续深化合作,大力推进能源、产业、交通运输等结构优化调整。同步出台实施机动车和非道路移动机械排放污染防治条例,为协同治理移动源提供坚实有力的法治保障。携手推进大气污染联防联控,持续开展秋冬季大气污染综合治理攻坚行动,实施空气质量数据共享,津冀交界地区街镇建立露天焚烧火情联动机制,强化区域重污染过程协同应对。在推进重点流域水环境联保联治方面,签订实施了官厅水库、密云水库、于桥水库横向生态保护补偿协议,完成流域内重点河流入河排污口排查溯源,实施洋河、桑干河、永定河山峡段等河道综合治理,强化中亭河、蓟运河流域综合治理与保护。持续推进土壤污染防治,落实京津冀危险废物转移"白名单"制度,推进危险废物跨区域转移处置合作。推动执法标准衔接统一,规范执法用语,建立执法互认、源头追溯、队伍联建制度。

三是推动绿色转型迈出新步伐。京津冀三地分别出台能源绿色低碳转型、鼓励可再生能源发展的"一揽子"支持政策,大力开发可再生能源,稳定油气生产规模,推进煤炭绿色开发,区域内清洁能源供应能力显著增强。北京市作为国家的首都,积极建设城市副中心,以国家绿色发展示范区为目标,大力推进各类绿色能源项目。其中,北京大兴国际机场地源热泵供暖(制冷)项目成为一批具有代表性的示范工程。天津市积极发展南港海上风电示范项目等可再生能源项目,积极推动建设京津冀清洁能源、绿色产业及清洁运输示范区。

3.1.2 京津冀地区概况

(1)地理位置

京津冀地区位于东经 113°27′~119°50′、北纬 36°05′~42°40′,区域总面积为21.715 6 万 km²。京津冀地区地处我国华北地区,东邻渤海,西接山西省,南邻河南省和山东省，北界内蒙古自治区和辽宁省。

（2）经济社会

京津冀协同发展战略提出以来，京津冀三地优势互补、协同发展，区域经济发展取得积极进展。2023 年，京津冀经济总量自 2013 年的 55 340 亿元提升至 104 442 亿元，按不变价格计算，年均增长 5.8%。其中，2023 年，北京市全年实现地区生产总值 43 760.70 亿元，较 2022 年增长 5.2%；天津市地区生产总值为 16 737.30 亿元，较 2022 年增长 4.3%；河北省全年地区生产总值 43 944.10 亿元，较 2022 年增长 5.5%。2023 年，京津冀地区人均地区生产总值为 95 338 元，较全国平均水平高 5 980 元。

北京首都功能布局不断优化，10 年来，城市"留白增绿"超 9 000 hm²，城乡建设用地减量 130 km²，成为全国首个减量发展的超大城市。雄安新区城市框架基本显现，"四纵三横"高速公路和对外骨干路网全面建成，进入了大规模建设和承接非首都功能并重的新阶段。2023 年，"京津冀协同创新推动专项"支持课题 95 项，累计投入科研经费近 2.4 亿元。区域有效发明专利拥有量 70.3 万件，是 2013 年的 6.7 倍。10 年来，京津 200 多所中小学幼儿园与河北开展办学合作，三地建立多个跨区域职教联盟和高校联盟，联合推动社保"一卡通"建设，异地就医备案全面取消。

（3）自然概况

1）地形地貌

京津冀地区地形呈现西北高、东南低的分布特点。京津冀地区北部有燕山山脉、南部为华北平原、西有太行山脉、东靠渤海湾，主要地貌类型包括高原、山脉和平原，高原、山地和丘陵占区域总面积的 54%，平原占区域总面积的 46%，是中国重要的粮食产区之一。

2）气候条件

京津冀地区属于暖温带大陆性季风气候，四季分明，水热同期，夏季高温多雨、冬季寒冷干燥。年日照时数为 2 500～2 900 h；年均气温为 8～12.5℃；年平均降水量为 508 mm，靠近沿海地区降水量较多，而华北平原地带气温较干燥，降水主要集中在 6—8 月。

3）植被条件

京津冀地区森林资源丰富，山地丘陵地带分布有针叶林和阔叶林，主要树种包括松树、柏树、橡树及槐树等。草原植被类型以禾草类为主，灌丛群系丰富，常见植被种类有羊草、黑麦草、三棱草等，主要分布在北部；东部地区沿海分布有大量湿地，植被主要由盐生植物和草本植物组成，常见有碱蓬、碱蒿和芦苇等。

4）水文水系

京津冀地区由北向南的主要水系包括：位于承德、秦皇岛、唐山的滦河水系；位于张家口北部的内陆河水系；位于承德南部、北京、天津的三河水系；位于张家口与北京南部的永定河水系；位于保定、石家庄、衡水中部的大清河水系；位于石家庄、邢台、邯郸东部的子牙河水系以及位于三市西部的黑龙港运河水系。京津冀地区主要湖泊包括白洋淀、衡水湖等。

5）自然资源

京津冀地区自然资源丰富，有煤炭、石油、铁矿、天然气、石灰岩、海盐、风能、地热能、土地资源和水资源，呈现典型的组合型特征。在燕山-太行山山脉分布着众多的煤炭、石灰岩，地表水资源、铁矿和林地资源，在沿海和低平原区分布着海盐、石油和天然气，在华北平原区分布着条带状的地热资源、地下水资源及耕地资源，在坝上高原主要分布着草地资源和风能资源。

3.2　研究区域与方法

3.2.1　研究区域

在本研究中，京津冀地区研究范围包括北京市、天津市、河北省 3 个省（直辖市）全域，涉及 11 个地级行政区域、199 个县级行政区域，土地总面积约 21.6 万 km²。

3.2.2　研究方法

本研究利用面向统一监管的生态系统碳汇方法体系，开展 2000—2022 年京津冀地区生态系统碳汇评估、碳汇能力巩固提升潜力估算、生态系统碳汇高值区域和退化区域等研究。结合趋势分析、聚类分析等，揭示 2000—2022 年京津冀地区及省级、地级、县级行政区域生态系统碳汇时空演变特征。主要研究方法包括面向统一监管的生态系统碳汇评估方法、碳汇能力巩固提升潜力估算方法、生态系统碳汇保护空间划定方法以及趋势分析、聚类分析等。

3.3　京津冀地区生态系统碳汇时空分析

3.3.1　生态系统碳汇动态变化分析

京津冀地区作为我国第三大城市群，其碳排放总量约占全国的 10%，是世界上碳排放量较大的城市群，由于人类生产生活、人口快速增长、工业农业发展、城镇化建设等因素的影响，京津冀地区面临水资源短缺、重污染天气频发以及植被退化等问题，是全国资源环境与发展矛盾最尖锐的地区之一。作为落实国家碳达峰、碳中和目标的关键区域之一，京津冀三地围绕能源、产业、交通、建筑等领域持续推动绿色低碳发展。

（1）生态系统碳汇总量变化

如图 3-1 所示，2000—2022 年，京津冀地区生态系统碳汇总量的多年平均值为 1 576.22 万 t。其间，京津冀地区生态系统碳汇总量呈显著的上升趋势，由 2000 年的 1 091.42 万 t 增至 2022 年的 2 162.12 万 t，增幅达 98.10%，远高于同期全国生态系统碳汇总量增幅（29.07%），碳汇总量变化趋势为 36.622 万 t/a（R^2=0.781 0），其中 2022 年生态系统碳汇总量达到最高。2000—2022 年，京津冀地区生态系统碳汇总量占全国生态系统碳汇总量的比例呈波动上升趋势，由 1.62%上升至 2.49%，其中 2022 年占比最高，为 2.49%。

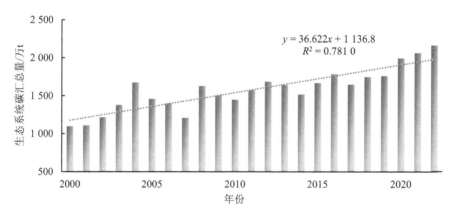

图 3-1　2000—2022 年京津冀地区生态系统碳汇总量变化

（2）生态系统碳汇面积变化

2000—2022 年，京津冀地区生态系统碳汇面积不断增加，由 19.45 万 km² 增至 20.32 万 km²，生态系统碳汇面积变化趋势为 0.039 3 万 km²/a（R^2=0.434 7），增幅达 4.47%，生态系统碳汇面积占土地总面积的比例由 89.88%上升至 93.90%（图 3-2）。

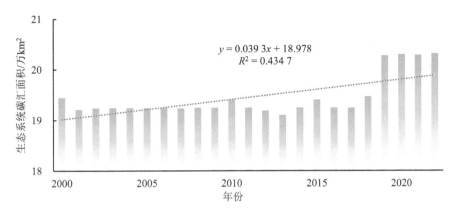

图 3-2　2000—2022 年京津冀地区生态系统碳汇面积变化

（3）单位面积生态系统碳汇变化

2000—2022 年，京津冀地区单位面积生态系统碳汇总体上呈稳步上升的变化趋势，单位面积生态系统碳汇的多年平均值为 80.89 t/km²，低于全国单位面积生态系统碳汇（113.01 t/km²）。其间，京津冀地区单位面积生态系统碳汇由 2000 年的 56.12 t/km² 增至 2022 年的 106.43 t/km²，增幅达 89.63%，单位面积生态系统碳汇变化趋势为 1.697 3 万 t/（km²·a）（R^2=0.757 7）。其中，2022 年单位面积生态系统碳汇达到最高（图 3-3）。

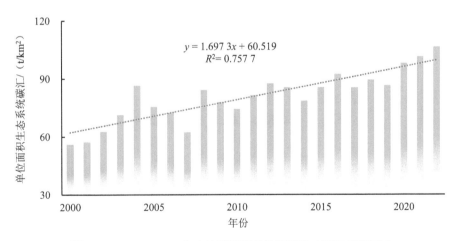

图 3-3　2000—2022 年京津冀地区单位面积生态系统碳汇变化

综上所述，2000—2022 年京津冀地区生态系统碳汇总量、生态系统碳汇面积、单位面积生态系统碳汇总体上均呈上升趋势，特别是生态系统碳汇总量、单位面积生态系统碳汇的增幅分别达 98.10%、89.63%，京津冀三地生态保护修复碳汇成效显著。自 1998 年以来，京津冀地区先后启动实施了京津风沙源治理、"三北"防护林建设、太行山绿化、沿海防护林建设等多项重大生态建设工程，加强森林防火、林木种苗、林业有害生物防治等基础设施建设。各项生态保护修复工程的实施使京津冀地区植被覆盖度得到明显提高，生态系统碳汇能力显著增强。

3.3.2　生态系统碳汇地域差异分析

（1）生态系统碳汇总量差异

在京津冀地区，河北省生态系统碳汇总量最大，2000—2022 年河北省生态系统碳汇总量的多年平均值为 1 396.80 万 t，占京津冀地区生态系统碳汇总量的 88.62%。其次为北京市，生态系统碳汇总量的多年平均值为 120.07 万 t，占京津冀地区生态系统碳汇总量的 7.62%，天津市生态系统碳汇总量的多年平均值为 59.35 万 t，仅占京津冀地区生态系统碳汇总量的 3.77%（图 3-4）。

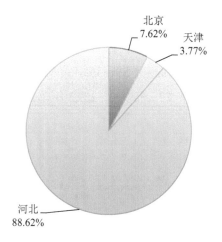

图 3-4　京津冀地区生态系统碳汇总量构成

从时间变化来看，2000—2022 年，京津冀地区三省（市）生态系统碳汇总量总体上均呈现上升趋势。其中，天津市碳汇总量增幅最大，达 139.21%；北京市和河北省生态系统碳汇总量增幅分别为 125.68% 和 94.49%。北京市、天津市和河北省生态系统碳汇总量趋势率分别为 3.32 万 t/a、1.53 万 t/a 和 31.73 万 t/a。

（2）生态系统碳汇面积差异

从生态系统碳汇面积来看，2000—2022 年京津冀地区三省（市）生态系统碳汇面积均呈波动上升趋势，其中，河北省生态系统碳汇面积最大，生态系统碳汇面积的多年平均值为 171 517.93 km²，占其土地总面积的比例为 91.24%；其次为北京市，生态系统碳汇面积的多年平均值为 13 741.55 km²，占其土地总面积的比例为 83.68%；天津市生态系统碳汇面积的多年平均值为 9 235.52 km²，占其土地总面积的比例为 77.33%。

从生态系统碳汇面积增长率来看，2000—2022 年北京市生态系统碳汇面积增幅最大，为 4.88%，由 2000 年的 13 716.75 km² 增长至 2022 年的 14 386.75 km²，占土地总面积的比例由 83.53% 上升至 87.61%，河北省和天津市生态系统碳汇面积的增幅分别为 4.05% 和 4.34%。

（3）单位面积生态系统碳汇差异

2000—2022 年，京津冀地区三省（市）单位面积生态系统碳汇均呈波动上升趋势。从单位面积生态系统碳汇的多年平均值来看（图 3-5），北京市单位面积生态系统碳汇最高，其多年平均值为 87.19 t/km²；其次为河北省，其单位面积生态系统碳汇的多年平均值为 81.28 t/km²；天津市单位面积生态系统碳汇最小，其单位面积生态系统碳汇的多年平均值为 64.13 t/km²。

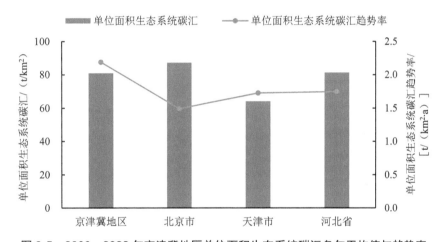

图 3-5　2000—2022 年京津冀地区单位面积生态系统碳汇多年平均值与趋势率

从单位面积生态系统时间变化来看（图 3-5），北京市单位面积生态系统碳汇趋势率最大，为 2.19 t/(km²·a)，河北省和天津市单位面积生态系统碳汇趋势率分别为 1.73 t/(km²·a) 和 1.49 t/(km²·a)。2000—2022 年，天津市单位面积生态系统碳汇由 40.67 t/km² 增至 93.25 t/km²，增幅达 129.26%；北京市单位面积生态系统碳汇由 2000 年的 52.95 t/km² 增至 2022 年的 113.92 t/km²，增幅达 115.17%；河北省单位面积生态系统碳汇由 57.21 t/km² 增至 106.53 t/km²，增幅达 86.22%。

总体来看，京津冀地区东北部、西部山区生态系统碳汇较高，其原因是森林和草地分布广泛，植被覆盖度和碳密度较高，具有较强的生态系统碳汇能力；中部、东南部耕地和建设用地分布较广，生态系统碳汇相对较低。在京津冀地区三省（市）中，天津市单位面积生态系统碳汇最小，其地形以平原为主，平原比例超过 90%，地势相对平坦，仅在北部有燕山余脉，相较其他地区森林面积和植被覆盖率相对较低。同时，北京市、天津市、河北省生态系统碳汇总量、面积均呈上升趋势，说明京津冀地区在生态保护和环境建设方面投入的大量努力取得了显著成效，提升了京津冀地区生态系统碳汇能力。

3.3.3 生态系统碳汇空间聚类分析

以京津冀地区各县级行政区域单位面积生态系统碳汇为分析变量，开展基于 Moran's I 指数的生态系统碳汇空间聚类分析。结果显示，京津冀地区单位面积生态系统碳汇的 Moran's I 指数为 0.439 9，且 z 得分为 17.81，p 值为 0.000 000，说明京津冀地区生态系统碳汇分布在 99.9% 置信度下存在极显著的空间正相关性，生态系统碳汇高值、生态系统碳汇低值的空间聚集特征明显（图 3-6）。

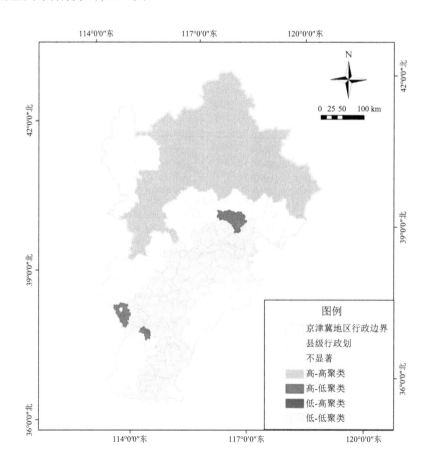

图 3-6 京津冀地区县级行政区域单位面积生态系统碳汇空间聚类分布特征

　　京津冀地区生态系统碳汇高-高聚集、低-低聚集呈集中分布。从不同空间聚集特征的县级行政区域数量统计来看，京津冀地区单位面积生态系统碳汇高-高聚集的县级行政区域数量为 35 个，占京津冀地区县级行政区域总数的 17.59%，为碳汇能力持续巩固提升、生态系统碳汇统一监管的重点区域，高-高聚集的县级行政区域中 31 个位于河北省、4 个位于北京市。生态系统碳汇低-低聚集的县级行政区域数量为 70 个，占京津冀地区县级行政区域总数的 35.18%，表现生态系统碳汇能力偏低的冷点区域，低-低聚集的县级行政区域中 73 个位于河北省、12 个位于天津市。此外，天津市宝坻区等 5 个县域呈现高-低聚集，说明碳汇能力高于周边地区，可能受地形、植被等自然条件影响。

3.4　京津冀地区生态系统碳汇重点区域分析

3.4.1　生态系统碳汇高值区域

　　根据 2000—2022 年京津冀地区生态系统碳汇评估结果和全国生态系统碳汇高值区域划分标准，京津冀地区生态系统碳汇高值斑块共 11.86 万块，生态系统碳汇高值区域面积为 2.96 万 km^2（图 3-7），占京津冀地区土地面积的 13.70%，占京津冀地区生态系统碳汇总面积的 14.17%，低于全国生态系统碳汇高值区域面积占全国生态系统碳汇总面积的比例（40.89%）。

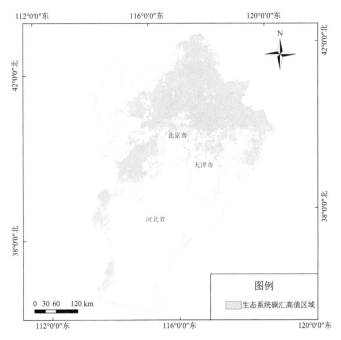

图 3-7　京津冀地区生态系统碳汇高值区域分布

　　从生态系统碳汇高值区域分布来看，京津冀地区生态系统碳汇高值区域主要分布在京津冀地区北部，其中河北省生态系统碳汇高值斑块数量最多、高值区域面积最大（图 3-8）。北京市、天津市、河北省生态系统碳汇高值区域面积分别为 1 893.5 km²、18.25 km²、27 735.75 km²；河北省贡献了京津冀主要的生态系统碳汇高值区域，占京津冀地区生态系统碳汇高值区域总面积的比例为 93.55%，北京市、天津市生态系统碳汇高值区域面积占京津冀地区生态系统碳汇高值区域总面积的比例分别为 6.39%、0.06%。

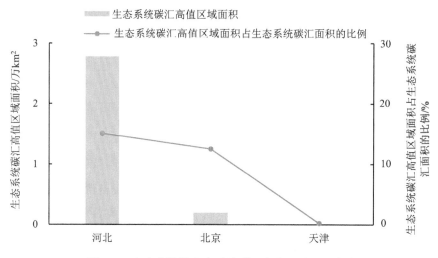

图 3-8　京津冀地区生态系统碳汇高值区域面积统计

　　从省级行政区域生态系统碳汇高值区域占比来看，北京市、天津市、河北省生态系统碳汇高值区域面积分别占各省市生态系统碳汇总面积的 12.47%、0.18%、15.09%，占区域土地总面积的比例分别为 11.53%、0.15%、14.75%。其中，河北省生态系统碳汇高值区域面积占生态系统碳汇总面积的比例、占土地总面积的比例均最高，北京市次之，天津市最低。

　　从地级行政区域来看，京津冀地区生态系统碳汇高值区域面积最大的是河北省承德市，为 2 228 km²，其次是河北省张家口市，生态系统碳汇高值区域面积为 1 949.25 km²。地级市中，生态系统碳汇高值区域面积占生态系统碳汇面积比例最大的是河北省承德市，占比 43.03%；其次是河北省秦皇岛市，占比 28.42%。此外，张家口市和保定市生态系统碳汇高值区域面积占比高于 10%，其他地市生态系统碳汇高值区域面积占比均低于 5%。

3.4.2　生态系统碳汇退化区域

　　根据 2000—2022 年京津冀地区生态系统碳汇评估结果和生态系统碳汇退化区域划分标准，京津冀地区生态系统碳汇退化区域分布如图 3-9 所示。退化斑块共计 37 031 块，生态系统碳汇退化区域面积为 9 257.75 km²，占京津冀地区土地面积的 4.28%，占京津冀地区生态系统碳汇总面积的 4.42%，远低于全国生态系统碳汇退化区域面积占土地面积的比例（28.22%）。可能有以下原因：一是京津冀地区地处华北平原，气候和地理条件相对优越，有利于植被生长和生态系统稳定。独特的气候和地理条件在一定程度上减缓了生态系统碳汇能力退化。二是近年来京津冀地区高度重视生态文明建设，采取了一系列有效的生态保护和修复措施，如植树造林、退化土地治理等，增加了绿色植被覆盖面积，提高了生态系统稳定性，增强了生态系统碳汇功能，减少了生态系统碳汇能力退化。三是京津冀协同发展战略的实施为区域生态环境保护提供了有力支持。在协同发展的框架下，京津冀地区加强了生态环境保护的区域合作和联防联控，共同应对环境污染和生态破坏问题，其区域协同机制有助于实现生态资源的优化配置和生态环境的共同改善。

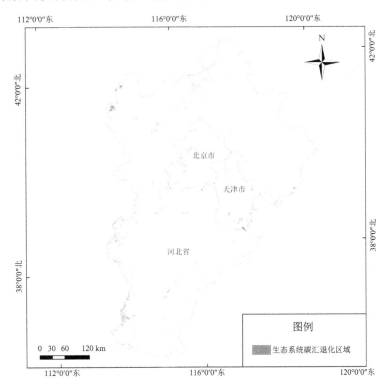

图 3-9   京津冀地区生态系统碳汇退化区域分布

从生态系统碳汇退化区域分布来看，京津冀地区生态系统碳汇退化区域面积较小，分布较为分散，在各省（市）均有分布。2000—2022 年，北京市、天津市、河北省生态系统碳汇退化斑块分别为 3 807 块、1 329 块、31 895 块，退化区域面积分别为 951.75 km²、332.25 km²、7 973.75 km²。其中，河北省生态系统碳汇退化区域面积占京津冀地区生态系统碳汇退化区域面积的比例最大，为86.13%；北京市、天津市生态系统碳汇退化区域面积占京津冀地区生态系统碳汇退化区域面积的比例分别为10.28%、3.59%。从生态系统碳汇退化区域面积占比来看，北京市、天津市、河北省生态系统碳汇退化区域面积占生态系统碳汇总面积的比例分别为6.27%、3.23%、4.34%，占土地总面积的比例分别为5.80%、2.78%、4.24%（图3-10）。

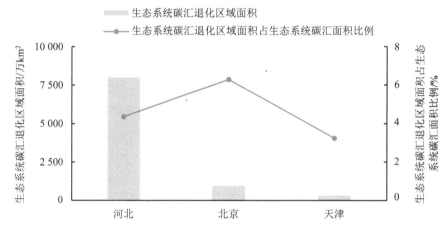

图 3-10　京津冀地区生态系统碳汇退化区域面积

在地级行政区域中，京津冀地区生态系统碳汇退化区域面积最大的是河北省承德市，为 2 228 km²；其次是河北省张家口市，生态系统碳汇退化区域面积为 1 949.25 km²。生态系统碳汇退化区域面积占生态系统碳汇面积比例最大的是河北省石家庄市，为 9.88%，承德市、邯郸市和张家口市生态系统碳汇退化区域面积占比超过 5%，其他地市生态系统碳汇退化区域面积占比均低于 5%。

3.5　京津冀地区生态系统碳汇潜力预测

以 2000—2022 年京津冀地区生态系统碳汇评估结果为基础，利用面向统一监管的碳汇能力巩固提升潜力估算方法，对京津冀地区生态系统碳汇潜力进行预测。

3.5.1　京津冀地区生态系统碳汇潜力

京津冀地区生态系统碳汇总量潜力为 2 342.99 万 t。与现状年（2022 年）相比，碳汇能力的巩固提升潜力（生态系统碳汇总量的提升量）为 180.87 万 t，碳汇能力的巩固提升率为 8.37%。

在碳汇能力达到巩固提升潜力的情况下，京津冀地区单位面积生态系统碳汇可以达到 112 t/km²，与现状年（2022 年）相比增加 5.57 t/km²，单位面积生态系统碳汇的提升率为 5.24%。

3.5.2 省域生态系统碳汇潜力

（1）生态系统碳汇总量

从各省（市）来看，北京市、天津市、河北省生态系统碳汇总量潜力分别为 184.61 万 t、97.30 万 t、2 061.08 万 t，与现状年（2022 年）相比，碳汇能力的巩固提升潜力分别为 20.71 万 t、7.72 万 t、152.43 万 t，河北省碳汇能力巩固提升潜力最高，其次是北京市，天津市最低；北京市、天津市、河北省碳汇能力的巩固提升率分别为 12.64%、8.62%、7.99%，北京市碳汇能力的巩固提升率最高，其次是天津市，河北省最低（图 3-11）。

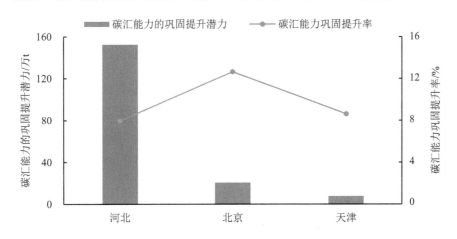

图 3-11　京津冀地区生态系统碳汇巩固提升潜力及提升率

（2）单位面积生态系统碳汇

在碳汇能力达到巩固提升潜力的情况下，北京市、天津市、河北省单位面积生态系统碳汇分别可以达到 121.62 t/km²、94.57 t/km²、112.18 t/km²。与现状年（2022 年）相比，北京市、天津市、河北省单位面积生态系统碳汇提升潜力分别为 7.70 t/km²、1.32 t/km²、5.65 t/km²，单位面积生态系统碳汇的提升率分别为 6.76%、1.41%、5.30%。北京市单位面积生态系统碳汇提升潜力、提升率最大，其次为河北省，天津市单位面积生态系统碳汇提升潜力、提升率最小（图 3-12）。

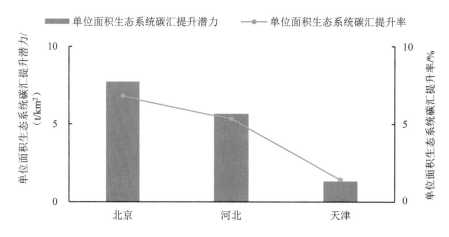

图 3-12 京津冀地区单位面积生态系统碳汇提升潜力及提升率

3.5.3 市域生态系统碳汇潜力

在地级行政区域中，在碳汇能力达到巩固提升潜力的情况下，与现状年（2022 年）相比，单位面积生态系统碳汇提升潜力最高的是承德市，为 9.05 t/km²，其次是张家口市、邢台市、邯郸市，单位面积生态系统碳汇提升潜力均超过 7 t/km²。单位面积生态系统碳汇提升率最高的是邢台市，提升率为 8.69%，其次是邯郸市（8.55%），此外张家口市、承德市、衡水市单位面积生态系统碳汇提升率也均超过 5%。

综上所述，随着"三北"防护林、退耕还林、水土流失治理等一系列生态修复工程的实施，京津冀地区植被覆盖率和生态系统碳汇有所增加，但各地生态系统碳汇能力仍有较大提升空间。应积极实施碳汇能力巩固提升措施，激发生态系统碳汇潜力，为实现碳达峰、碳中和目标做出积极贡献。一是加强生态保护与修复。京津冀地区生态系统碳汇主要来源于森林和草原生态系统，可以通过植树造林、封山育林等措施，扩大森林面积，提高森林覆盖率，增强森林碳汇能力，针对草原退化、沙化等问题，采取科学有效的措施推进草原生态修复，提高草原碳汇能力。二是加强区域协同与合作。依托京津冀协同发展战略，加强京津冀三地之间的协同合作，建立区域碳汇提升协同机制，共同推进碳汇提升工作。针对跨区域的碳汇提升项目，开展联合行动，实现资源共享、优势互补和互利共赢。

第 4 章

国家重大战略区域生态系统碳汇评估预测

——长江经济带

内容摘要

本章利用面向统一监管的生态系统碳汇方法体系,对 2000—2022 年长江经济带生态系统碳汇进行统一评估,分析长江经济带生态系统碳汇总量、生态系统碳汇面积、单位面积生态系统碳汇的动态变化、地域差异等时空变化特征,揭示长江经济带生态系统碳汇空间聚集性,识别长江经济带生态系统碳汇高值区域、退化区域及其地域分布情况。基于此,对长江经济带生态系统碳汇进行统一预测,确定长江经济带生态系统碳汇总量潜力、碳汇能力的巩固提升潜力、单位面积生态系统碳汇潜力及其提升量、提升率,为长江经济带碳汇能力持续巩固提升、生态系统碳汇统一监管、有效发挥生态系统碳汇在实现碳达峰、碳中和中的重要作用提供科技支撑。

4.1 研究背景

4.1.1 长江经济带发展

（1）主要进展

推动长江经济带发展,是以习近平同志为核心的党中央作出的重大决策,是关系国家发展全局的重大战略,对实现中华民族伟大复兴的中国梦具有重要意义。习近平总书记一直心系长江经济带发展,亲自谋划、亲自部署、亲自推动,多次深入长江沿线视察工作,多次对长江经济带发展作出重要指示批示,先后在重庆、武汉、南京、南昌主持召开座谈会，为推动长江经济带发展把脉定向。

2014年12月，中共中央成立推动长江经济带发展领导小组，研究解决长江经济带发展的重大问题，领导小组办公室设在国家发展改革委。

2016年1月5日，习近平总书记在重庆主持召开推动长江经济带发展座谈会时强调，长江是中华民族的母亲河，也是中华民族发展的重要支撑。推动长江经济带发展必须从中华民族长远利益考虑，走生态优先、绿色发展之路，使绿水青山产生巨大生态效益、经济效益、社会效益，使母亲河永葆生机活力。

2016年5月，中共中央、国务院印发《长江经济带发展规划纲要》，明确了长江经济带发展的目标、方向、思路和重点，提出要将长江经济带打造成为生态文明建设的先行示范带、引领全国转型发展的创新驱动带、具有全球影响力的内河经济带、东中西互动合作的协调发展带，确立了长江经济带"一轴、两翼、三极、多点"的发展新格局。

2017年7月，环境保护部、国家发展改革委、水利部共同编制印发《长江经济带生态环境保护规划》（环规财〔2017〕88号），明确了长江生态环境保护的目标和任务，要求建立硬约束机制，共抓大保护，不搞大开发，落实生态文明体制改革的有关要求，创新管理思路，发挥长江经济带生态文明建设先行示范带的引领作用。该规划是落实国家重大战略举措的迫切要求，是贯彻五大发展理念的生动实践，是《长江经济带发展规划纲要》在生态环境保护领域的具体安排。

2018年4月26日，习近平总书记在武汉主持召开深入推动长江经济带发展座谈会指出，新形势下，推动长江经济带发展，关键是要正确把握几个关系，坚持新发展理念，坚持稳中求进工作总基调，坚持共抓大保护、不搞大开发，加强改革创新、战略统筹、规划引导，使长江经济带成为引领我国经济高质量发展的生力军。

2020年11月14日，习近平总书记在江苏南京主持召开全面推动长江经济带发展座谈会时强调，要坚定不移贯彻新发展理念，推动长江经济带高质量发展，谱写生态优先绿色发展新篇章，打造区域协调发展新样板，构筑高水平对外开放新高地，塑造创新驱动发展新优势，绘就山水人城和谐相融新画卷，使长江经济带成为我国生态优先绿色发展主战场、畅通国内国际双循环主动脉、引领经济高质量发展主力军。

2021年3月1日，《中华人民共和国长江保护法》正式施行，在依法维护长江流域生态安全，推进长江流域绿色、可持续、高质量发展方面，作出了系统制度设计。《中华人民共和国长江保护法》是我国第一部流域专门法律，对于贯彻落实习近平生态文明思想和党中央有关决策部署，加强长江流域生态环境保护和修复，促进资源合理高效利用，保障生态安全，实现人与自然和谐共生、中华民族永续发展具有重大意义。

2022 年 9 月，生态环境部、国家发展改革委等 17 部门联合印发《深入打好长江保护修复攻坚战行动方案》，从生态系统整体性和流域系统性出发，坚持生态优先、绿色发展，坚持综合治理、系统治理、源头治理，坚持精准治污、科学治污、依法治污，以高水平保护推动高质量发展，进一步夯实共抓大保护工作基础，努力建设人与自然和谐共生的绿色发展示范带。

2023 年 10 月 12 日，习近平总书记在江西省南昌市召开进一步推动长江经济带高质量发展座谈会强调，要完整、准确、全面贯彻新发展理念，坚持共抓大保护、不搞大开发，坚持生态优先、绿色发展，以科技创新为引领，统筹推进生态环境保护和经济社会发展，加强政策协同和工作协同，谋长远之势、行长久之策、建久安之基，进一步推动长江经济带高质量发展，更好支撑和服务中国式现代化。

（2）主要成效

多年来，沿江省（市）和有关部门不断推进生态环境整治，全力打好长江保护修复攻坚战，长江大保护取得显著成效，促进经济社会发展全面绿色转型。

一是生态环境持续改善。长江沿线各省（市）认真推进制度落实，贯彻落实《中华人民共和国长江保护法》，不断完善生态文明制度体系，实现在发展中保护、在保护中发展的目标。城镇生活污水、垃圾处理能力显著提升，基础设施不断完善。一大批高污染、高耗能企业被关停取缔，沿江化工企业关改搬转超过 8 000 家。长江岸线整治全面推进，1 361 座非法码头彻底整改，2 441 个违法违规项目已清理整治 2 417 个，两岸绿色生态廊道逐步形成，沿江城市滨水空间回归群众生活。2023 年，长江流域水质优良（Ⅰ～Ⅲ类）断面比例为 98.5%，较 2022 年提升 0.4 个百分点，无劣Ⅴ类水质断面，长江流域整体水质持续为优，长江干流连续 4 年保持Ⅱ类水质。

二是长江禁渔成效显著。长江全面实施十年禁渔，水生生物资源和多样性均呈现恢复向好态势，禁渔取得阶段性成效。长江江豚数量增长 1 249 头，实现历史性回升；胭脂鱼、长吻鮠、子陵吻虾虎鱼等珍稀濒危鱼种，在饶河、上犹江等水域屡次现身；"四大家鱼"以及各类区域代表物种资源正在加快恢复。2022 年，长江流域重点水域监测到鱼类 193 种，较 2020 年增加了 25 种。

三是经济高质量发展。2023 年，长江经济带地区生产总值 58.43 万亿元，占全国的比重为 46.7%。2023 年，长江经济带服务业（第三产业）增加值同比增长 5.9%，高于全国平均水平 0.1 个百分点。服务业企业生产经营稳中向好，长江经济带 7 省（市）规模以上服务业营业收入增速高于 8.3% 的全国平均水平，其中云南、贵州、四川、湖北增速超过 10%。长江经济带集中了全国 1/3 以上高等院校和科研机构，拥有全国一半左右中国科学院院士、中国工程院院士，建立了 2 个综合性国家科学中心、9 个国家级自主创新示范区，各类国家级创新平台超过 500 多家，初步形成一批创新引领作用显著的中心城市。

4.1.2　长江经济带概况

（1）地理位置

长江经济带覆盖上海、江苏、浙江、安徽、江西、湖北、湖南、重庆、四川、贵州、云南共 11 个省（市），面积约 205.23 万 km²，占全国的 21.4%。按上、中、下游划分，下游地区包括上海、江苏、浙江、安徽 4 省（市），面积约 35.03 万 km²，占长江经济带的 17.1%；中游地区包括江西、湖北、湖南 3 省，面积约 56.46 万 km²，占长江经济带的 27.5%；上游地区包括重庆、四川、贵州、云南 4 省（市），面积约 113.74 万 km²，占长江经济带的 55.4%。

（2）经济社会

长江经济带是中国经济发展的重要引擎之一，经济总量持续扩大，高质量发展成效显著。2023 年，长江经济带地区生产总值（GDP）为 584 274.2 亿元，占全国 GDP 比重为 46.7%；分三次产业看，长江经济带第一、第二、第三产业增加值分别为 38 377.7 亿元、224 665.5 亿元和 321 231.0 亿元，占全国三次产业比重分别为 42.7%、46.9% 和 47.1%。按不变价核算，长江经济带地区生产总值同比增长 5.5%，对全国经济增长的贡献率为 48.8%，拉动全国经济增长 2.6 个百分点；三次产业同比增速分别为 3.9%、5.2% 和 5.9%。

2023 年，长江经济带上、下游地区经济实现较快增长，中游地区经济增长平稳。上游地区生产总值为 141 213.0 亿元，占长江经济带比重为 24.2%，三次产业占上游地区生产总值的比重分别为 10.8%、35.8% 和 53.4%。按不变价核算，上游地区生产总值同比增长 5.5%，对全国经济增长的贡献率为 11.9%。中游地区生产总值为 138 016.6 亿元，占长江经济带比重为 23.6%，三次产业占中游地区生产总值的比重分别为 8.8%、38.2% 和 53.0%。按不变价核算，中游地区生产总值同比增长 5.0%，对全国经济增长的贡献率为 10.7%。下游地区生产总值为 305 044.6 亿元，占长江经济带比重为 52.2%，三次产业占下游地区生产总值的比重分别为 3.6%、39.8% 和 56.6%。按不变价核算，下游地区生产总值同比增长 5.7%，对全国经济增长的贡献率为 26.2%。江苏、浙江、四川、湖北、湖南、上海 6 省（市）地区生产总值位居全国前 10，重庆、浙江、湖北、四川、江苏、安徽 6 省（市）增速高于全国平均增速。

（3）自然概况

1）水文水系

长江是中国第一大河、世界第三大河，发源于青海省唐古拉山，注入东海。长江干流全长约 6 300 km，宜昌以上为上游，长 4 504 km；宜昌至湖口段为中游，长 955 km；湖口以下为下游，长 938 km。长江支流众多，其中，流域面积 1 万 km² 以上的支流有 45 条，8 万 km² 以上的一级支流有雅砻江、岷江、嘉陵江、乌江、湘江、沅江、汉江、赣江 8 条，重要湖泊有太湖、巢湖、洞庭湖、鄱阳湖等。

2）地形地貌

长江经济带地域辽阔，地貌类型复杂，呈多级阶梯性地形。流经山地、高原、盆地、丘陵和平原等，涉及青藏高原、横断山脉、云贵高原、四川盆地、江南丘陵、长江中下游平原。

3）气候条件

长江经济带地跨热带、亚热带和暖温带，地形复杂，季风气候十分典型，年平均气温呈东高西低、南高北低的分布趋势，中下游地区高于上游地区，江南高于江北，江源地区是全流域气温最低的地区。平均年降水量 1 067 mm，年降水量和暴雨的时空分布不均匀，西部地区多年平均降水量为 300～500 mm，而东南部地区多年平均降水量高达 1 600～1 900 mm，降水主要集中在夏季（6—8 月），约占年降水总量的一半。降水变化的不均匀分布是长江流域频繁旱涝灾害的主要原因之一。

4）生态系统

长江经济带地区地貌类型复杂，生态系统类型多样，川西河谷森林生态系统、南方亚热带常绿阔叶林森林生态系统、长江中下游湿地生态系统等是具有全球重大意义的生物多样性保护优先区域，其中长江中下游湿地是百余种、百万余只国际迁徙水鸟的中途重要越冬地，也是世界湿地和生物多样性保护的热点地区；森林覆盖率达 41.3%，河湖、水库、湿地面积约占全国的 20%，物种资源丰富，珍稀濒危植物占全国总数的 39.7%，淡水鱼类占全国总数的 33%，不仅有中华鲟、江豚、扬子鳄、大熊猫和金丝猴等珍稀动物，还有银杉、水杉、珙桐等珍稀植物，是我国珍稀濒危野生动植物集中分布区域。

5）水资源和水能资源

长江经济带地区是我国水资源配置的战略水源地。长江经济带地区水资源相对丰富，多年平均水资源量 9959 亿 m³，约占全国水资源量的 36%，居全国各大江河之首，单位土地面积水资源量为 59.5 万 m³/km²，约为全国平均值的 2 倍。每年长江供水量超过 2 000 亿 m³，支撑流域经济社会供水安全。通过南水北调、引汉济渭、引江济淮、滇中引水等工程建设,惠泽流域外广大地区,保障供水安全。长江经济带地区是我国水能资源最为富集的地区,水力资源理论蕴藏量达 30.05 万 MW,年发电量 2.67 万亿 kW·h,约占全国发电量的 40%;技术可开发装机容量 28.1 万 MW,年发电量 1.30 万亿 kW·h,分别占全国平均水平的 47% 和 48%,是我国水电开发的主要基地。长江水系航运资源丰富,是联系东中西部的"黄金水道"。长江经济带 11 省(市)加快建设综合立体交通走廊,打通交通运输"大动脉",3 600 多条通航河流的总计通航里程超过 7.1 万 km,占全国内河通航总里程的 56%。长江干线港口货物吞吐量 38.7 亿 t、三峡枢纽航运通过量 1.7 亿 t、引航船舶载货量 4.5 亿 t。

6)自然资源

长江经济带地区矿产资源丰富。储量占全国比重 50% 以上的约有 30 种,其中钒、钛、汞、铷、铯、磷、芒硝、硅石等矿产储量占全国的 80% 以上,铜、钨、锑、铋、锰、铊等矿产储量占全国的 50% 以上,铁、铝、硫、金、银等矿产储量占全国的 30% 以上。流域内风能、太阳能、生物质能、地热能等十分丰富,是我国新能源发展的重点地区。长江经济带地区是我国重要的粮食生产基地。耕地面积为 4.62 亿亩;粮食产量 1.63 亿 t,占全国粮食产量的 32.5%。

4.2　研究区域与方法

4.2.1　研究区域

在本研究中,长江经济带研究范围包括上海市、江苏省、浙江省、安徽省、江西省、湖北省、湖南省、重庆市、四川省、云南省、贵州省 11 个省(市)全域,涉及 127 个地级行政区域、1 065 个县级行政区域,土地总面积约 205 万 km²。

4.2.2　研究方法

本研究利用面向统一监管的生态系统碳汇方法体系,开展 2000—2022 年长江经济带生态系统碳汇评估、碳汇能力巩固提升潜力估算、生态系统碳汇高值区域与退化区域等研究。结合趋势分析、聚类分析等,揭示 2000—2022 年长江经济带及其省级、地级、县级行政区域生态系统碳汇时空演变特征等。主要研究方法包括面向统一监管的生态系统碳汇评估方法、碳汇能力巩固提升潜力估算、生态系统碳汇保护空间划定方法以及趋势分析、聚类分析等。

4.3　长江经济带生态系统碳汇时空分析

4.3.1　生态系统碳汇动态变化分析

长江经济带作为国家区域协调发展的重要区域，是国家重要的生态功能保护区和生态系统碳汇贡献区，区域内地形、气候等自然条件复杂多样，碳汇储量丰富。在城市化和工业化快速推进的同时，长江经济带的碳汇储量也面临减少的风险，区域内生态系统碳汇分布状况及影响因素等问题日益受到国内外学者的广泛关注，研究长江经济带生态系统碳汇动态变化具有重要的理论和实践意义。

（1）生态系统碳汇总量变化

2000—2022 年，长江经济带生态系统碳汇总量的多年平均值为 32 370.21 万 t，生态系统碳汇总量呈波动上升趋势。与 2000 年相比，2022 年长江经济带生态系统碳汇总量由 29 406.08 万 t 增至 35 442.82 万 t，生态系统碳汇总量变化趋势为 221.45 万 t/a（R^2=0.791 9），增幅达 20.53%，低于同期全国生态系统碳汇总量增幅（29.07%），其中 2022 年碳汇总量最高。2000—2022 年，长江经济带生态系统碳汇总量占全国生态系统碳汇总量的比例总体呈波动上升趋势，由 1.68% 上升至 2.56%，其中 2022 年占比最高为 2.56%（图 4-1）。

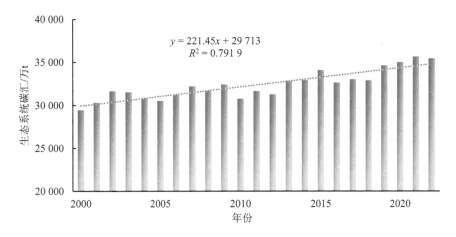

图 4-1　2000—2022 年长江经济带生态系统碳汇总量变化

（2）生态系统碳汇面积变化

2000—2022 年，长江经济带生态系统碳汇面积多年平均值为 186.96 万 km²，总体呈上升趋势，由 186.07 万 km² 增至 199.04 万 km²，生态系统碳汇面积变化趋势为

0.47 万 km²/a（R^2=0.457 2），增幅达 6.98%，占土地面积的比例由 89.89%上升至 93.87%（图 4-2）。

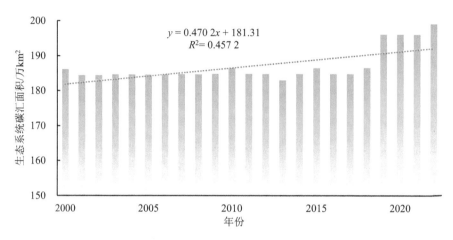

图 4-2　2000—2022 年长江经济带生态系统碳汇面积变化

（3）单位面积生态系统碳汇变化

从单位面积生态系统碳汇来看，2000—2022 年长江经济带单位面积生态系统碳汇多年平均值为 173.08 t/km²，高于同期全国单位面积生态系统碳汇平均值（113.01 t/km²）。2000—2022 年，长江经济带单位面积生态系统碳汇总体呈现稳步上升的趋势，由 2000 年的 158.04 t/km² 增至 2022 年的 178.06 t/km²，增幅达 12.67%，单位面积生态系统碳汇变化趋势率为 0.74 t/（km²·a）（R^2=0.638 5）。其中，2015 年长江经济带单位面积生态系统碳汇达到最高，为 182.82 t/km²（图 4-3）。

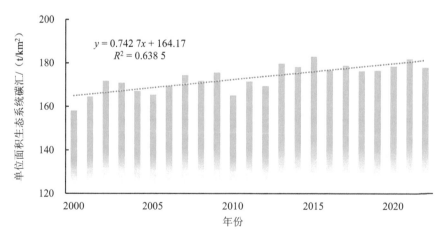

图 4-3　2000—2022 年长江经济带单位面积生态系统碳汇变化

　　综合来看，2000—2022 年长江经济带生态系统碳汇总量、生态系统碳汇面积、单位面积生态系统碳汇总体上均呈上升趋势。党的十八大以来，以习近平同志为核心的党中央把生态文明建设摆在治国理政的突出位置，强调要把修复长江生态环境摆在压倒性位置，共抓大保护，不搞大开发，长江经济带生态治理取得显著成效。长江经济带生态系统碳汇总量、单位面积生态系统碳汇并非持续、稳定增长，由于季风气候影响显著、水旱灾害频发，重大自然灾害等可能会威胁到长江经济带部分地区植被生境质量，并造成土地退化等生态问题，这也使在部分时段长江经济带生态系统碳汇能力有所降低。

4.3.2　生态系统碳汇地域差异分析

（1）生态系统碳汇总量差异

　　在长江经济带各省（市）中，2000—2022 年云南省生态系统碳汇总量最高，其生态系统碳汇总量的多年平均值为 9 510.94 万 t，占长江经济带碳汇总量的 29.38%；其次为四川省和贵州省，生态系统碳汇总量的多年平均值分别为 5 821.28 万 t 和 3 296.96 万 t，分别占长江经济带碳汇总量的 17.98% 和 10.19%（图 4-4）。

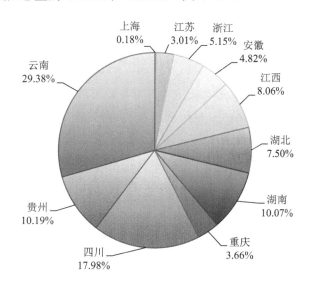

图 4-4　2000—2022 年长江经济带生态系统碳汇总量构成

　　从时间变化来看，2000—2022 年长江经济带各省（市）生态系统碳汇总体呈上升趋势，生态系统碳汇总量增长率均保持在 7% 以上。其中，重庆市、四川省和贵州省生态系统碳汇总量的增长率较高，分别为 33.14%、31.88% 和 29.34%，均高于同期全国生态系统碳汇总量增幅（29.07%）；浙江省生态系统碳汇总量的增长率较低，仅有 7.6%。云南省生态系统碳汇总量趋势率最高，为 39.87 万 t/a，贵州、湖北、湖南、安徽、重庆、江苏6 省（市）生态系统碳汇总量趋势率均超过 10 万 t/a。

（2）生态系统碳汇面积差异

在长江经济带各省（市）中，2000—2022 年四川省生态系统碳汇面积最大且占土地面积的比例最高，生态系统碳汇面积的多年平均值为 45.69 万 km²，占四川省土地总面积的 94.04%；其次为云南省，生态系统碳汇面积的多年平均值为 35.44 万 km²，占云南省土地总面积的 92.45%。长江经济带各省（市）生态系统碳汇面积占土地总面积比例的排序为四川省＞云南省＞贵州省＞重庆市＞湖南省＞湖北省＞安徽省＞江西省＞浙江省＞江苏省＞上海市。

从生态系统碳汇面积增长率来看，2000—2022 年各省（市）生态系统碳汇面积均呈波动上升趋势。其中，贵州省生态系统碳汇面积增长率最高，由 2000 年的 160 296.25 km²增至 2022 年的 175 218.75 km²，增长率为 9.31%；其次为重庆市和云南省，生态系统碳汇面积分别增长 8.38% 和 8.19%。

（3）单位面积生态系统碳汇差异

2000—2022 年，长江经济带各省（市）单位面积生态系统碳汇均呈现波动上升趋势。其中，云南省单位面积生态系统碳汇的多年平均值最高，为 268.38 t/km²；其次是贵州省，其单位面积生态系统碳汇的多年平均值为 203.73 t/km²；江苏省单位面积生态系统碳汇的多年平均值最低，为 115.51 t/km²。长江经济带各省（市）单位面积生态系统碳汇多年平均值的排序为云南省＞贵州省＞浙江省＞江西省＞湖南省＞重庆市＞湖北省＞四川省＞安徽省＞上海市＞江苏省。所有省（市）均高于全国总体单位面积生态系统碳汇多年平均值（113.01 t/km²）（图 4-5）。

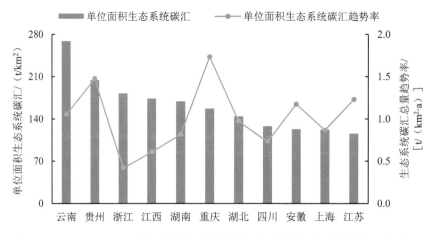

图 4-5　2000—2022 年长江经济带单位面积生态系统碳汇多年平均值与趋势率

从单位面积生态系统碳汇时间变化来看，2000—2022 年四川省单位面积生态系统碳汇的增幅最高，为 24.22%；其次是重庆市和江苏省，其单位面积生态系统碳汇的增幅分别为 22.84% 和 18.63%；浙江省单位面积生态系统碳汇增幅最低，仅为 1.07%。重庆市单位面积生态系统碳汇趋势率最高，为 1.73 t/（km²·a），其次是贵州省、江苏省、安徽省、云南省，单位面积生态系统碳汇趋势率均超过 1 t/（km²·a）。

4.3.3　生态系统碳汇空间聚类分析

以长江经济带各县级行政区域单位面积生态系统碳汇为分析变量，开展基于 Moran's I 指数的生态系统碳汇空间聚类分析。结果显示，长江经济带单位面积生态系统碳汇的 Moran's I 指数为 0.645 3，且 z 得分为 42.65，p 值为 0.000 000，说明长江经济带生态系统碳汇分布在 99.9% 置信度下存在极显著的空间正相关性，生态系统碳汇高值、生态系统碳汇低值的空间聚集特征明显（图 4-6）。

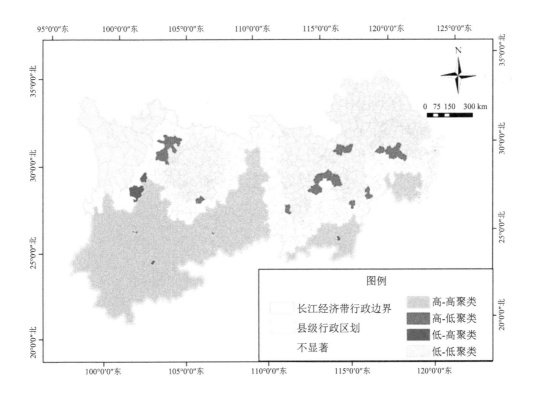

图 4-6　长江经济带县级行政区域单位面积生态系统碳汇空间聚类分布特征

　　长江经济带生态系统碳汇高-高聚集或低-低聚集呈集中分布。从不同空间聚集特征的县级行政区域数量统计来看，长江经济带单位面积生态系统碳汇高-高聚集的县级行政区域数量为305个，占长江经济带县级行政区域总数的28.64%，主要位于云南省、贵州省等上游地区，是长江经济带碳汇能力持续巩固提升，支撑全国碳达峰、碳中和的重要区域。其中，云南省最多，为119个；其次是贵州省，为80个。长江经济带生态系统碳汇低-低聚集的县级行政区域数量为491个，占长江经济带县级行政区域总数的46.10%，主要分布在长江以北的中下游地区，表现生态系统碳汇能力偏低的冷点区域，其中四川省、江苏省、安徽省低-低聚集的县级行政区域数量最多，分别为103个、95个、91个。

　　此外，长江经济带有25个县域呈高-低聚集，说明其碳汇能力高于周边县域。有9个县域呈低-高聚集，其碳汇能力相比周边县域较低，主要位于长江流域中上游省会城市的市区，如昆明市、贵阳市、攀枝花市、赣州市等，这些城市总体上碳汇能力较强，但市区可能受到建设用地扩张等影响，单位面积生态系统碳汇较低。

　　从空间分布来看，长江经济带单位面积生态系统碳汇整体上呈现"西高东低、南高北低"的空间分布格局，并且中上游地区的大部分省（市）单位面积生态系统碳汇高于下游地区的单位面积生态系统碳汇。长江中上游地区地形条件复杂多样，拥有高原、山地等多种地形地貌，域内光、热、水充足，生态环境良好，森林、草地等植被茂密且分布广阔，生态系统碳汇较高。下游地区由于人口和产业活动集聚，社会经济发展水平较高，建设用地比重较高，导致部分省（市）的生态系统碳汇相对偏低。

4.4　长江经济带生态系统碳汇重点区域分析

4.4.1　生态系统碳汇高值区域

　　根据2000—2022年和长江经济带生态系统碳汇评估结果和全国生态系统碳汇高值区域划分标准，长江经济带生态系统碳汇高值斑块共625.40万块，生态系统碳汇高值区域面积为156.35万 km^2，占长江经济带土地面积的76.38%，占长江经济带生态系统碳汇总面积的77.74%，远高于全国生态系统碳汇高值区域面积占全国生态系统碳汇总面积的比例（40.89%）（图4-7）。

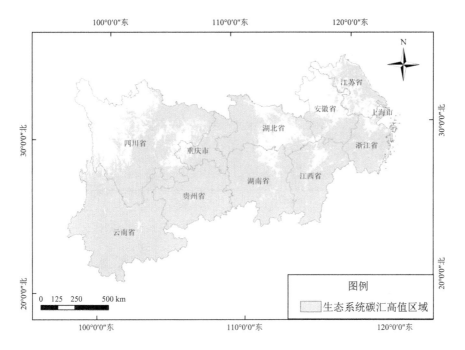

图 4-7　2000—2022 年长江经济带生态系统碳汇高值区域分布

从生态系统碳汇高值区域分布来看（图 4-8），云南省生态系统碳汇高值区域面积最大，为 37.33 万 km²，占长江经济带高值区域总面积的 23.88%；其次是四川省和湖南省，生态系统碳汇高值区域面积分别为 26.57 万 km² 和 19.17 万 km²。从省级行政区域生态系统碳汇高值区域占比来看，除安徽省外，长江经济带各省（市）生态系统碳汇高值区域面积占生态系统碳汇总面积的比例超过 50%。其中，贵州省生态系统碳汇高值区域面积占生态系统碳汇总面积的比例最大，为 99.67%，云南省、江西省、湖南省占比超过 90%，分别为 97.96%、92.20%、91.73%。生态系统碳汇高值区域面积占长江经济带高值区域总面积的比例排序为云南省＞四川省＞湖南省＞贵州省＞江西省＞湖北省＞浙江省＞重庆市＞安徽省＞江苏省＞上海市。

从地级行政区域来看，长江经济带生态系统碳汇高值区域面积排名前三的是四川省凉山彝族自治州、云南省普洱市、江西省赣州市。在长江经济带 127 个地级行政区中，生态系统碳汇高值区域面积占生态系统碳汇面积比例超过 50% 的有 100 个；高值区域面积占生态系统碳汇面积比例超过 90% 的有 56 个；云南省普洱市、贵州省黔东南苗族侗族自治州、湖北省恩施土家族苗族自治州等 45 个地区生态系统碳汇高值区域面积占生态系统碳汇面积比例超过 95%。仅有 4 个地级市生态系统碳汇高值区域面积占生态系统碳汇面积比例低于 10%。

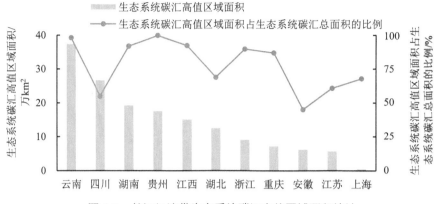

图4-8   长江经济带生态系统碳汇高值区域面积统计

4.4.2   生态系统碳汇退化区域

根据2000—2022年长江经济带生态系统碳汇评估结果和生态系统碳汇退化区域划分标准，长江经济带生态系统碳汇退化斑块共计625.40万块，生态系统碳汇退化区域面积为88.94万 km²，占长江经济带土地面积的43.45%，占长江经济带生态系统碳汇总面积的 44.22%，高于全国生态系统碳汇退化区域面积占全国生态系统碳汇总面积的比例（28.22%）（图4-9）。

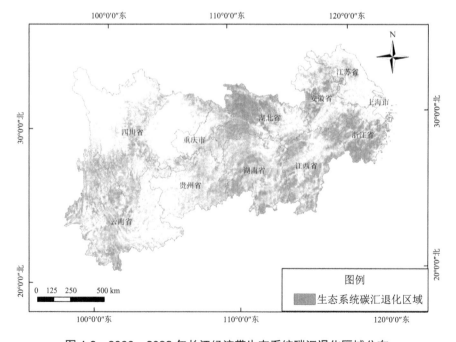

图4-9   2000—2022年长江经济带生态系统碳汇退化区域分布

从生态系统碳汇退化区域分布来看（图 4-10），云南省生态系统碳汇退化区域面积最大，为 17.35 万 km²，占长江经济带生态系统碳汇退化区域总面积的 19.5%。其次是四川省和湖南省，生态系统碳汇退化区域面积分别为 12.70 万 km² 和 12.13 万 km²。从生态系统碳汇退化区域面积占比来看，生态系统碳汇退化区域面积占生态系统碳汇总面积最大的是浙江省，为 64.58%，占浙江省土地面积的 62.10%，其次是湖北省和湖南省，生态系统碳汇退化区域面积占生态系统碳汇总面积的比例分别为 64.20% 和 58.06%。

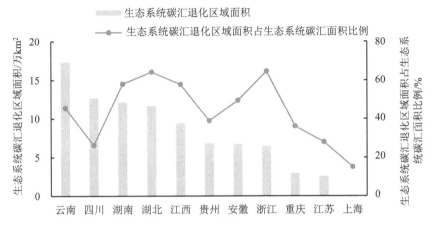

图 4-10　长江经济带生态系统碳汇退化区域面积

从地级行政区域来看，长江经济带生态系统碳汇退化区域面积最大的是四川省凉山彝族自治州，为 3.10 万 km²。在长江经济带 127 个地级行政区中，生态系统碳汇退化区域面积占生态系统碳汇总面积比例较大的地级行政区域包括浙江省丽水市和湖北省襄阳市、十堰市、宜昌市，生态系统碳汇退化区域面积占比超过 80%，共有 54 个地区生态系统碳汇退化区域面积占生态系统碳汇总面积比例超过 50%，仅有 6 个地级市区生态系统碳汇退化区域面积占比低于 10%。

4.5　长江经济带生态系统碳汇潜力预测

以 2000—2022 年长江经济带生态系统碳汇评估结果为基础，利用面向统一监管的碳汇能力巩固提升潜力估算方法，对长江经济带生态系统碳汇潜力进行预测。

4.5.1　长江经济带生态系统碳汇潜力

长江经济带生态系统碳汇总量潜力为 42 574.02 万 t，与现状年（2022 年）相比，碳汇能力的巩固提升潜力为 7 131.20 万 t，碳汇能力的巩固提升率为 20.12%。

在碳汇能力达到巩固提升潜力的情况下，长江经济带单位面积生态系统碳汇可以达到 211.68 t/km²，与现状年（2022 年）相比增加 33.62 t/km²，单位面积生态系统碳汇的提升率为 18.88%。

4.5.2 省域生态系统碳汇潜力

（1）生态系统碳汇总量

与现状年（2022 年）相比，碳汇能力的巩固提升潜力最大的是云南省，碳汇能力的巩固提升潜力为 1 757.41 万 t，其次是四川省和湖南省，碳汇能力的巩固提升潜力分别为 1 034.12 万 t 和 823.09 万 t。在长江经济带各省（市）中，碳汇能力的巩固提升率最大的是湖北省，碳汇能力的巩固提升率为 33.62%，其次是安徽省和江西省，碳汇能力的巩固提升率分别为 30.05% 和 28.12%（图 4-11）。

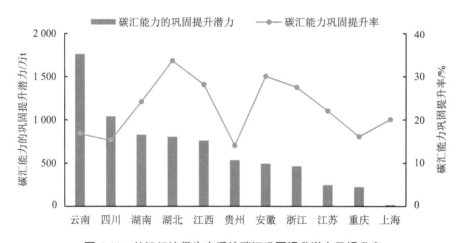

图 4-11　长江经济带生态系统碳汇巩固提升潜力及提升率

（2）单位面积生态系统碳汇

在碳汇能力达到巩固提升潜力的情况下，单位面积生态系统碳汇最高的是云南省，为 321.89 t/km²；其次是贵州省和浙江省，分别为 246.29 t/km² 和 213.61 t/km²。

与现状年（2022 年）相比，单位面积生态系统碳汇提升潜力最高的是云南省，为 44.49 t/km²，其次是江西省和湖北省，单位面积生态系统碳汇提升潜力分别为 44.47 t/km² 和 41.88 t/km²。单位面积生态系统碳汇的提升率排名前三的省分别是湖北省、安徽省、江西省，提升率分别为 31.47%、27.63%、26.70%。各省（市）单位面积生态系统碳汇的提升率排序为湖北省＞安徽省＞江西省＞浙江省＞湖南省＞江苏省＞云南省＞重庆市＞四川省＞贵州省＞上海市（图 4-12）。

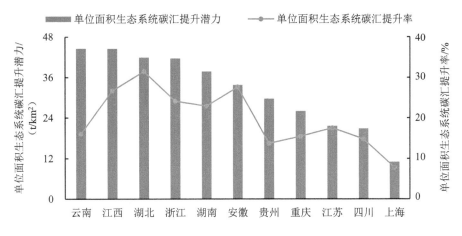

图 4-12　长江经济带单位面积生态系统碳汇提升潜力及提升率

4.5.3　市域生态系统碳汇潜力

在长江经济带地级行政区域中，单位面积生态系统碳汇潜力排名前三的是云南省西双版纳傣族自治州、德宏傣族景颇族自治州、普洱市，其单位面积生态系统碳汇潜力分别为 468.85 t/km²、425.93 t/km²、408.96 t/km²。

与现状年（2022 年）相比，长江经济带单位面积生态系统碳汇提升潜力最高的是云南省西双版纳傣族自治州，单位面积生态系统碳汇提升潜力为 70.13 t/km²。此外，云南省德宏傣族景颇族自治州、湖北省襄阳市、云南省普洱市等 12 个地级行政区单位面积生态系统碳汇提升潜力超过 50 t/km²。

从单位面积生态系统碳汇提升率来看，湖北省襄阳市、安徽省淮南市单位面积生态系统碳汇提升率超过 50%；长江经济带 12 个地级行政区域单位面积生态系统碳汇提升率为 30%～50%；102 个地级行政区域单位面积生态系统碳汇提升率为 10%～30%；13 个地级行政区域单位面积生态系统碳汇提升率较低，低于 10%。

国家重大战略区域生态系统碳汇评估预测
——长三角地区

内容摘要

　　本章利用面向统一监管的生态系统碳汇方法体系，对 2000—2022 年长三角地区生态系统碳汇进行统一评估，分析长三角地区生态系统碳汇总量、生态系统碳汇面积、单位面积生态系统碳汇的动态变化、地域差异等时空变化特征，揭示长三角地区生态系统碳汇空间聚集性，识别长三角地区生态系统碳汇高值区域、退化区域及其地域分布情况。基于此，对长三角地区生态系统碳汇进行统一预测，确定长三角地区生态系统碳汇总量潜力、碳汇能力的巩固提升潜力、单位面积生态系统碳汇潜力及其提升量、提升率，为长三角地区碳汇能力持续巩固提升、生态系统碳汇统一监管、有效发挥生态系统碳汇在实现碳达峰、碳中和中的重要作用提供科技支撑。

5.1　研究背景

5.1.1　长三角区域一体化发展

（1）主要进展

　　2018 年 11 月，习近平主席在首届中国国际进口博览会开幕式上宣布，支持长三角区域一体化发展并上升为国家战略，着力落实新发展理念，构建现代化经济体系，推进更高起点的深化改革和更高层次的对外开放，同"一带一路"倡议、京津冀协同发展、长江经济带发展、粤港澳大湾区建设相互配合，完善中国改革开放空间布局。

2019 年 12 月，中共中央、国务院印发了《长江三角洲区域一体化发展规划纲要》，规划范围包括上海市、江苏省、浙江省、安徽省全域（简称三省一市）。以上海青浦、江苏吴江、浙江嘉善为长三角生态绿色一体化发展示范区（面积约 2 300 km²），示范引领长三角地区更高质量一体化发展。《长江三角洲区域一体化发展规划纲要》是指导长三角地区当前和今后一个时期一体化发展的纲领性文件，是制定相关规划和政策的依据。

2020 年 8 月，习近平总书记在合肥主持召开扎实推进长三角一体化发展座谈会，高度评价长三角一体化发展战略实施以来取得的进展，明确指出面对严峻复杂的形势，要更好推动长三角一体化发展，必须深刻认识长三角区域在国家经济社会发展中的地位和作用。强调要结合长三角一体化发展面临的新形势、新要求，坚持目标导向、问题导向相统一，紧扣一体化和高质量两个关键词抓好重点工作，真抓实干、埋头苦干，推动长三角一体化发展不断取得成效。

2021 年 5 月，长三角区域生态环境保护协作小组正式成立。截至 2024 年年底，长三角区域生态环境保护协作小组共召开 4 次会议，深入学习贯彻习近平生态文明思想和习近平总书记关于长三角一体化发展的重要讲话指示精神，聚焦长三角区域经济高质量发展、生态环境高水平保护，研究部署区域生态环境阶段协作重点。在国家有关部委的指导下，三省一市共商共治，形成一系列制度创新成果，区域生态环境质量改善和绿色低碳发展取得积极进展。

2021 年 6 月，《长三角地区一体化发展三年行动计划（2021—2023 年）》印发实施，涵盖了率先构建新发展格局、加快推进区域协调发展、勇当科技创新开路先锋、加快构建深度融合的现代产业体系、全力建设新时代数字长三角、共建互联互通综合交通体系、持续提升能源互济共保能力、努力建设人与自然和谐共生的美丽长三角、协同推进公共服务便利共享等方面的内容。

2023 年 11 月，习近平总书记在上海主持召开深入推进长三角一体化发展座谈会并发表重要讲话时强调，深入推进长三角一体化发展，进一步提升创新能力、产业竞争力、发展能级，率先形成更高层次改革开放新格局，对于我国构建新发展格局、推动高质量发展，以中国式现代化全面推进强国建设、民族复兴伟业，意义重大。要完整、准确、全面贯彻新发展理念，紧扣一体化和高质量这两个关键词，树立全球视野和战略思维，坚定不移深化改革、扩大高水平开放，统筹科技创新和产业创新，统筹龙头带动和各扬所长，统筹硬件联通和机制协同，统筹生态环保和经济发展，在推进共同富裕上先行示范，在建设中华民族现代文明上积极探索，推动长三角一体化发展取得新的重大突破，在中国式现代化中走在前列，更好发挥先行探路、引领示范、辐射带动作用。

（2）主要成效

上海、江苏、浙江、安徽深入学习贯彻习近平总书记在深入推进长三角一体化发展座谈会上的重要讲话精神，按照长三角地区主要领导座谈会部署，持续深化落实各项战略任务，扎实推进长三角生态环境共保联治，探索跨行政区域共建共享、生态文明与经济社会发展相得益彰的新路子，区域生态环境保护协作取得显著成效，一体化发展不断取得新成效。

生态环境共保联治成效明显。一是大气污染联防联控。印发并实施《长三角区域生态环境保护协作 2024 年大气污染防治重点任务清单》，修订了《长三角区域重污染天气预警应急联动方案》，进一步提升 PM$_{2.5}$ 和臭氧协同治理的效能。启动了区域排污权交易试点，联合印发了长三角试点区域挥发性有机物（VOCs）排污权有偿使用和交易实施方案以及相关技术规范，开展挥发性有机物跨区域排污权有偿使用和交易试点工作。开展区域污染物总量协同控制，以 VOCs 指标为主体打通环境要素交易市场，推动全国首批跨省排污权交易落地。二是跨界水体共保联治。长三角地区共同制定《示范区重点跨界水体联保专项方案》，联合建立"一河三湖"环境要素功能目标、污染防治机制及评估考核制度，协同统一重点跨界河湖水质目标；建立示范区跨界饮用水水源地共同决策、联合保护和一体管控机制，共同控制饮用水水源地生态环境安全风险，稳定提升饮用水水源地生态环境质量，联合签署《加强长三角生态绿色一体化发展示范区饮用水水源地生态环境保护联防联控工作备忘录》。完成太浦河突发水污染事件风险防范信息共享平台建设，联合推进太浦河（含水乡客厅）美丽河湖建设，成为全国首个跨省联合申报的美丽河湖优秀案例。三是固体废物、危险废物协同治理。三省一市共同建立了固体废物区域合作联席会议制度，形成了共商共治的机制。三省一市建筑垃圾主管部门和生态环境部门还联合签署《长三角区域建筑垃圾联防联治合作协议》。

经济总量与科技创新能力显著增强。一是经济总量不断提升。2023 年，三省一市 GDP 规模首次突破 30 万亿元、同比增长 5.7%，占全国比重 24.4%，较 2022 年提升 0.3 个百分点，长三角地区"万亿之城"达到 9 个（全国 26 个，约占 1/3），主要指标在全国继续保持领先。二是科技创新共同体建设全面推进由国家实验室、国家重点实验室、重大科技基础设施等共同构成的长三角战略科技力量稳步壮大。启动实施第二批 28 个联合攻关项目，其中围绕三大先导产业领域的关键技术、共性技术等需求，共同布局实施 8 个攻关项目。三是现代化产业体系加快构建。汽车芯片等关键零部件研发和产业化取得积极进展，共同化解加速处理器（APU）"卡脖子"难题，开展液化石油气（LNG）液货系统国产应用，加快实现长三角区域自主配套。数字长三角加快建设，累计建成 5G 基站超

66 万个，全国一体化算力网络长三角国家枢纽节点加快建设。

区域协调发展效能稳步提升。一是能源互联互通持续深化。白鹤滩—江苏、白鹤滩—浙江特高压输电工程、沪苏浙联络线上海段、江苏滨海 LNG 接收站配套苏皖管线等相继建成投运。二是高水平对外开放持续推进。虹桥国际开放枢纽建设扎实推进，24 条进一步提升能级新举措加快落地，进博会溢出带动效应持续放大，六届进博会累计意向成交额超 4 200 亿美元。一体化交通网络初步形成，沪宁沿江高铁、昌景黄高铁开通运营，引江济淮航运工程、京杭运河浙江段全线试通航。三是公共服务保障水平持续提升。推动 173 项政务服务事项跨省通办，以社会保障卡为载体实现 52 个居民服务事项"一卡通"。推动长三角智慧文旅一体化服务平台建设，联合推出 20 条"长三角革命文物主题游径"线路，举办了一批高质量文旅宣传推介活动。四是区域协调发展效能稳步提升。示范区建设创新突破，2023 年新推出一体化制度创新成果 24 项，4 年累计 136 项，其中 42 项面向全国复制推广。跨区域城市合作不断深化，沪苏建立推进沿沪宁产业创新带工作协同机制，沪苏浙结对合作帮扶皖北城市有序推进。五是区域市场一体化建设不断完善。监管执法协同联动，联合发布长三角预制菜生产许可审查指引，编制 23 种区域重点工业产品质量安全监管现场检查工作指引。消费维权跨域共保，累计培育放心消费单位 40 余万家、"长三角实体店异地异店退换货联盟"单位 541 家。

5.1.2　长三角地区概况

（1）地理位置

长三角地区地跨北纬 27°64′～34°33′、东经 117°29′～123°01′，位于我国长江下游地区，濒临黄海与东海，地处江海交汇之地，沿江沿海港口众多，是长江入海之前形成的冲积平原。该地区包括上海市、江苏省、浙江省和安徽省的 41 个城市。

（2）经济社会

长三角地区是我国经济发展最活跃、开放程度最高、创新能力最强的区域之一，在国家现代化建设大局和全方位开放格局中具有举足轻重的战略地位。推动长三角一体化发展，增强长三角地区创新能力和竞争能力，提高经济集聚度、区域连接性和政策协同效率，对引领全国高质量发展、建设现代化经济体系意义重大。2018 年以来，长三角地区 GDP 占全国 GDP 的比重始终保持在 24% 左右，呈稳定发展态势。三省一市以不足 4% 的土地面积，创造了全国近 1/4 的经济总量。2023 年，上海市 GDP 达 4.72 万亿元，江苏省 GDP 达 12.82 万亿元，浙江省 GDP 达 8.26 万亿元，安徽省 GDP 达 4.71 万亿元，长三角地区经济总量突破 30 万亿元。

（3）自然概况

1）地形地貌

长三角地区地势平缓开阔，海拔较低。呈现由西北向东南逐渐平缓的趋势。以平原为主，太湖平原是长江三角洲的主体。偶有低山和丘陵散布，面积较小，主要分布在西部和南部。地貌类型丰富，主要为河流堆积地貌。

2）气候条件

长三角地区地处秦岭、淮河以南的东部季风区，属于亚热带季风气候。气候温和湿润，四季分明，雨热同季。光照充足，热量丰富，年均温为 15～16℃。雨量丰沛，多集中于夏季，年降水量为 1 000～1 400 mm。光、热、水资源的配合为其发展高产优质高效农业创造了基础条件。

3）水文水系

长三角地区是中国河网密度最高的地区之一，河川众多，河流纵横交错，湖泊密布，每平方千米河网长度达 4.8～6.7 km，有湖泊 200 多个。长三角地区的湖泊主要有江苏的太湖、洪泽湖、金牛湖、石臼湖、固城湖、高邮湖、骆马湖、邵伯湖、登月湖，浙江的西湖、东湖、南湖、东钱湖、千岛湖和安徽的巢湖、太平湖、花亭湖、升金湖、天井湖、平天湖、雨山湖等。长三角地区的河流除淮河、长江、钱塘江、京杭大运河等重要河流以外，还有上海的黄浦江、吴淞江、蕴藻浜，江苏的秦淮河、苏北灌溉总渠、新沭河、通扬运河，浙江的瓯江、灵江、苕溪、南江、飞云江、鳌江、曹娥江、浙东运河，安徽的青弋江、水阳江、秋浦河、皖江、新安江、滁河、漳河、淠河、颍河、涡河、东淝河、南淝河、裕溪河、柘皋河、杭埠河、濉河、史河等水系。优越的水系条件为长三角地区水资源利用和经济发展提供了有利条件。

4）矿产资源

长三角地区的矿产资源主要分布于安徽、江苏、浙江 3 省，其中江苏、安徽的矿产资源相对丰富，有煤炭、石油、天然气等能源矿产和大量的非金属矿产，另有一定数量的金属矿产。浙江的矿产资源以非金属矿产为主，多用于建筑材料的生产等用途。上海矿产资源相对贫乏，但具有一定数量和较高质量的二次能源生产，产品主要是电力、石油油品、焦煤和煤气（包括液化石油气）。其他可以利用开发的能源还有沼气、风能、潮汐及太阳能。

5）植物资源

长三角地区自然资源丰富，植被种类较多，生态系统类型复杂，物种多样性高。长三角地区维管束植物分属 205 科、1 006 属、3 200 多种，约占中国维管束植物科的 60.3%、属的 31.7%、种的 11.7%。其中，蕨类植物 34 科、71 属、240 种，种子植物 171 科、938 属。长三角地区种子植物中裸子植物 7 科、17 属、21 种，被子植物 164 科、921 属、2 900 余种，约占中国种子植物科的 51.4%、属的 31.8%、种的 12.2%。

5.2   研究区域与方法

5.2.1   研究区域

在本研究中，长三角地区研究范围包括上海市、江苏省、浙江省、安徽省 4 个省（市）全域，涉及 40 个地级行政区域、302 个县级行政区域，土地总面积约 35.8 万 km²。

5.2.2   研究方法

本研究利用面向统一监管的生态系统碳汇方法体系，开展 2000—2022 年长三角地区生态系统碳汇评估、碳汇能力巩固提升潜力估算、生态系统碳汇高值区域和退化区域等研究。结合趋势分析、聚类分析等，揭示 2000—2022 年长三角地区及其省级、地级、县级行政区域生态系统碳汇时空演变特征等。主要研究方法包括面向统一监管的生态系统碳汇评估方法、碳汇能力巩固提升潜力估算、生态系统碳汇保护空间划定方法以及趋势分析、聚类分析等。

5.3   长三角地区生态系统碳汇时空分析

5.3.1   生态系统碳汇动态变化分析

长三角地区作为中国最大的城市群，也是世界第六大城市群，人口与经济高度集中。不仅被视为中国产业升级的重要驱动力，还展现了协调共进、城市化迅猛及建成区不断扩大的特征。其迅猛发展推动了能源需求与碳排放量的显著增长，至 2019 年长三角地区的终端能源需求总量占全国总量的 17%。由于长三角地区工业与制造业繁盛，且严重依赖煤炭、石油、天然气等化石燃料，环境问题如生态退化、污染加剧及资源紧张等日益严重，迫使能源结构转型与环境保护成为紧迫任务。在此背景下，促进区域协调发展、加速产业升级与一体化进程的任务越发艰巨。当前，长三角正处于转型升级的关键节点，实现碳中和目标面临重大挑战。

（1）生态系统碳汇总量变化

2000—2022 年，长三角地区生态系统碳汇总量的多年平均值为 4 260.59 万 t，总体上呈波动上升趋势。与 2000 年相比，2022 年长三角地区生态系统碳汇总量由 3 817.02 万 t 增至 4 479.91 万 t，生态系统碳汇总量变化趋势为 32.008 万 t/a（R^2=0.581 7），增幅为 17.37%，低于同期全国生态系统碳汇总量增幅（29.07%）。其间，2021 年长三角地区生态系统碳汇总量最高，达到 4 935.21 万 t（图 5-1）。

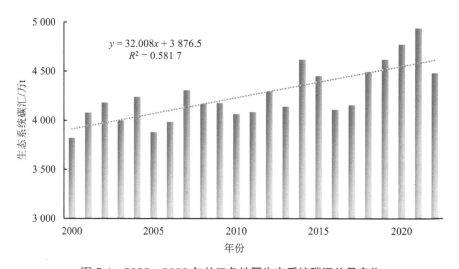

图 5-1　2000—2022 年长三角地区生态系统碳汇总量变化

2000—2022 年，长三角地区生态系统碳汇总量占全国生态系统碳汇总量的比例由 5.67% 降至 5.16%。2014 年长三角地区生态系统碳汇总量占全国生态系统碳汇总量的比例最高，为 5.93%；2022 年长三角地区生态系统碳汇总量占全国生态系统碳汇总量的比例最低，为 5.16%。总体上，长三角地区以约 3.71% 的土地面积稳定贡献了 5% 以上的生态系统碳汇，是我国实现碳中和的重要区域。

（2）生态系统碳汇面积变化

2000—2022 年，长三角地区生态系统碳汇面积多年平均值为 30.8 万 km²，总体呈上升趋势，由 30.79 万 km² 增至 32.50 万 km²，增幅 5.56%，生态系统碳汇面积变化趋势为 0.058 万 km²/a（R^2=0.452 7），生态系统碳汇面积占土地总面积的比例由 86.88% 上升至 91.71%（图 5-2）。

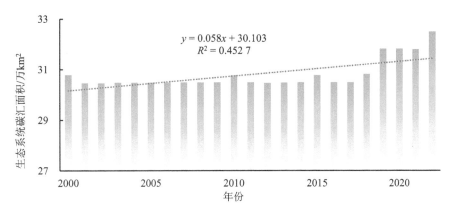

图 5-2　2000—2022 年长三角地区生态系统碳汇面积变化

（3）单位面积生态系统碳汇变化

2000—2022 年，长三角地区单位面积生态系统碳汇总体呈稳步上升的趋势，单位面积生态系统碳汇的多年平均值为 120.22 t/km²，高于全国生态系统碳汇平均值（113.01 t/km²）。其间，长三角地区单位面积生态系统碳汇由 2000 年的 107.70 t/km² 增至 2022 年的 137.84 t/km²，增幅达 11.18%，单位面积生态系统碳汇变化趋势为 0.771 t/(km²·a)（R^2=0.463 5）。其中，2021 年长三角地区单位面积生态系统碳汇总量达到最高，为 155.19 t/km²（图 5-3）。

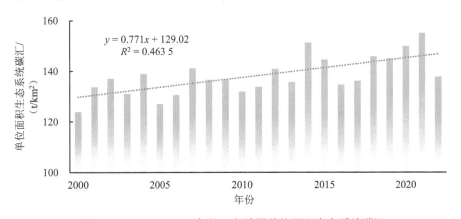

图 5-3　2000—2022 年长三角地区单位面积生态系统碳汇

综上所述，2000—2022 年长三角地区生态系统碳汇总量、生态系统碳汇面积、单位面积生态系统碳汇总体上均呈上升趋势。在长江经济带高质量发展、长三角生态绿色一体化建设等国家战略和政策的带动下，长三角地区三省一市聚焦生态绿色一体化，协商共治、协同共进，把保护和修复生态环境摆在重要位置，开展环境联保联治，绿色发展本底不断厚植，有效促进了地区产业结构低碳转型、减污降碳协同增效、碳汇能力巩固提升。

5.3.2　生态系统碳汇地域差异分析

（1）生态系统碳汇总量差异

2000—2022 年，浙江省生态系统碳汇总量最大，其生态系统碳汇总量的多年平均值为 1 666.06 万 t，占长三角地区生态系统碳汇总量的 39.10%；其次是安徽省，生态系统碳汇总量的多年平均值为 1 561.56 万 t，占长三角地区生态系统碳汇总量的 36.65%；江苏省、上海市生态系统碳汇总量多年平均值分别为 975.25 万 t 和 57.72 万 t，占长三角地区生态系统碳汇总量的比例分别为 22.89% 和 1.35%（图 5-4）。

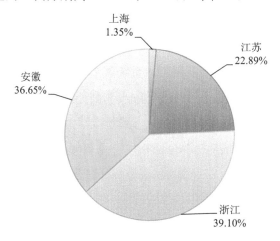

图 5-4　长三角地区生态系统碳汇总量构成

2000—2022 年，长三角地区各省（市）生态系统碳汇总量总体均呈上升趋势，上海市、江苏省、安徽省生态系统碳汇总量增长率均超过 20%。其中，江苏省生态系统碳汇总量增长率最高，达到 24.73%，生态系统碳汇总量由 2000 年的 880.72 万 t 增至 2022 年的 1 098.51 万 t；其次为安徽省和上海市，其生态系统碳汇总量增长率分别为 23.85% 和 20.56%；浙江省生态系统碳汇总量增长率最低，为 7.60%。

（2）生态系统碳汇面积差异

2000—2022 年，长三角地区各省（市）生态系统碳汇面积均呈波动上升趋势。其中，安徽省生态系统碳汇面积最大，其生态系统碳汇面积的多年平均值为 12.73 万 km²，占安徽省土地总面积的比例为 90.71%；其次是浙江省，生态系统碳汇面积的多年平均值为 9.17 万 km²，占浙江省土地总面积的比例为 88.02%；江苏省和上海市生态系统碳汇面积分别占江苏省、上海市土地总面积的比例为 82.09% 和 65.41%。上海市城市建设用地密集，导致生态系统碳汇面积占比最低。

从生态系统碳汇面积增长率来看，2000—2022 年上海市生态系统碳汇面积增幅最大，达到 7%，由 2000 年的 4 714 km² 增长至 2022 年的 5 043.75 km²，占土地总面积的比例由 65.41% 上升至 69.98%；其次是浙江省，生态系统碳汇面积的增长率为 6.47%；江苏省和安徽省生态系统碳汇面积的增长率分别为 5.14% 和 5.13%。

（3）单位面积生态系统碳汇差异

2000—2022 年，长三角地区单位面积生态系统碳汇最高的是浙江省，多年平均值为 181.75 t/km²。其次是安徽省和上海市，江苏省单位面积生态系统碳汇最小（图 5-5）。

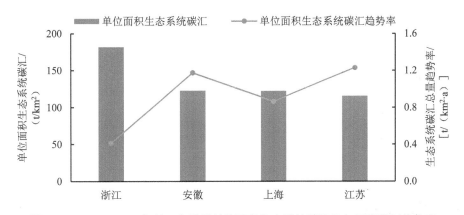

图 5-5   2000—2022 年长三角地区单位面积生态系统碳汇多年平均值与趋势率

2000—2022 年，长三角地区各省（市）单位面积生态系统碳汇均呈上升趋势。其中，江苏省单位面积生态系统碳汇的增长率最大，达到 18.63%，由 104.19 t/km² 增至 123.59 t/km²；其次是安徽省，单位面积生态系统碳汇的增长率为 17.81%，上海市和浙江省单位面积生态系统碳汇的增长率分别为 12.68% 和 1.07%。单位面积生态系统碳汇趋势率最大的是江苏省，单位面积生态系统碳汇变化趋势率为 1.23 t/（km²·a），其次是安徽省和上海市。

5.3.3   生态系统碳汇空间聚类分析

以长三角地区各县级行政区域单位面积生态系统碳汇为分析变量，开展基于 Moran's I 指数的生态系统碳汇空间聚类分析。结果显示，长三角地区单位面积生态系统碳汇的 Moran's I 指数为 0.714 1，且 z 得分为 16.00，p 值为 0.000 000，说明长三角地区生态系统碳汇分布在 99.9% 置信度下存在极显著的空间正相关性，生态系统碳汇高值、生态系统碳汇低值的空间聚集特征明显（图 5-6）。

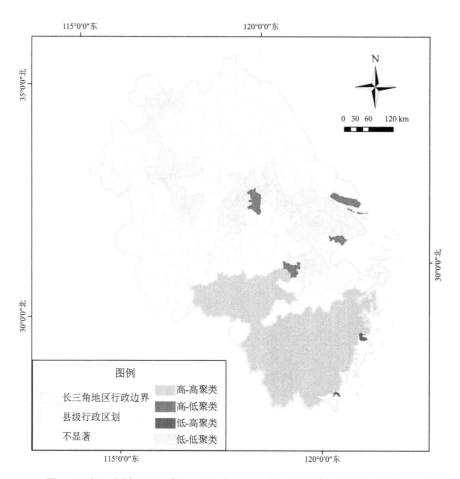

图 5-6　长三角地区县级行政区域单位面积生态系统碳汇空间聚类分布特征

　　长三角地区高-高聚集或低-低聚集呈集中分布。从不同空间聚集特征的县级行政区域数量统计来看,长三角地区单位面积生态系统碳汇高-高聚集的县级行政区域数量为 52 个,达到长三角地区县级行政区域总数的 17.22%,是区域生态系统碳汇的重要区域,主要位于浙江省和安徽省,浙江省和安徽省高-高聚集的县级行政区域数量分别为 42 个和 10 个。

　　长三角地区单位面积生态系统碳汇低-低聚集的县级行政区域数量为 82 个,达到长三角地区县级行政区域总数的 27.15%,表现生态系统碳汇偏低的冷点区域在各个省(市)均有分布,江苏省最多为 40 个,安徽省、上海市、浙江省生态系统碳汇低-低聚集的县级行政区域数量分别为 21 个、11 个、10 个。

　　综上所述,长三角地区生态系统碳汇在空间分布上呈南高北低、东高西低的格局。其中,位于长三角地区东南部的浙江省单位面积生态系统碳汇最大,浙江省多山地和丘陵,拥有丰富的自然资源,森林覆盖率和森林蓄积量较高,林地面积占总面积的 64%以上,植被固碳量相对较高。江苏省、安徽省、上海市单位面积生态系统碳汇都有显著增加，由于近年来实施的生态工程，显著提高了长三角地区植被生态质量、生态服务功能和生态系统碳汇，这表明长三角各地区在绿化造林、资源保护与生态修复等生态环境建设方面初显成效。

5.4　长三角地区生态系统碳汇重点区域分析

5.4.1　生态系统碳汇高值区域

根据2000—2022年长三角地区生态系统碳汇评估结果和全国生态系统碳汇高值区域划分标准，长三角地区生态系统碳汇高值斑块共计84.45万块，生态系统碳汇高值区域面积为 21.11 万 km²，占长三角地区生态系统碳汇总面积的 63.18%，占长三角地区土地总面积的 59.58%，高于全国生态系统碳汇高值区域面积占全国生态系统碳汇总面积的比例（40.89%）。从长三角地区生态系统碳汇高值区域分布来看，长三角地区生态系统碳汇高值区域主要分布在安徽省南部、江苏省东部、上海市城郊和浙江省大部（图5-7）。

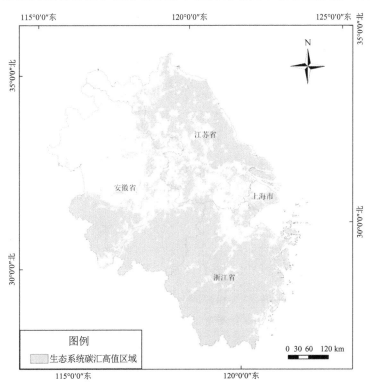

图 5-7　长三角地区生态系统碳汇高值区域分布

从省域生态系统碳汇高值区域分布来看，浙江省生态系统碳汇高值区域面积最大，生态系统碳汇高值斑块共计35.94万块，生态系统碳汇高值区域面积为8.99万km²；安徽省、江苏省、上海市生态系统碳汇高值斑块数量分别为26.93万块、10.33万块、0.34万块，生态系统碳汇高值区域面积分别为6.13万km²、5.61万km²、0.38万km²。生态系统碳汇高值区域面积占生态系统碳汇面积的比例最高的是浙江省，为89.71%，其次是上海市和江苏省，该比例分别为67.82%和60.80%，安徽省高值区域占比最低，为45.09%（图5-8）。

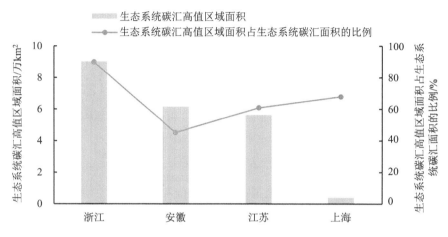

图5-8　长三角地区生态系统碳汇高值区域面积统计

从地级行政区域来看，长三角地区生态系统碳汇高值区域面积最大的是浙江省丽水市，为1.71万km²。长三角地区生态系统碳汇高值区域面积占生态系统碳汇总面积比例最大的也是浙江省丽水市，为99.42%，其次是安徽省黄山市，该比例为99.33%。在长三角地区40个地级行政区域中，生态系统碳汇高值区域面积占生态系统碳汇总面积比例超过50%的地市有25个；生态系统碳汇高值区域面积占生态系统碳汇总面积比例超过90%的地市有8个，分别为丽水市、黄山市、衢州市、台州市、温州市、池州市、宣城市、金华市。

5.4.2　生态系统碳汇退化区域

根据2000—2022年长三角地区生态系统碳汇评估结果和生态系统碳汇退化区域划分标准，长三角地区生态系统碳汇退化斑块共计63.48块，生态系统碳汇退化区域面积为15.87万km²，占长三角地区生态系统碳汇总面积的47.49%，占长三角地区土地总面积的44.78%，高于全国生态系统碳汇退化区域面积占全国生态系统碳汇总面积的比例（28.22%）。从长三角地区生态系统碳汇退化区域分布来看，生态系统碳汇退化区域主要分布在安徽省中部和南部、江苏省中部和南部零星地区、上海市南部和崇明岛零星地区，以及浙江省大部（图 5-9）。

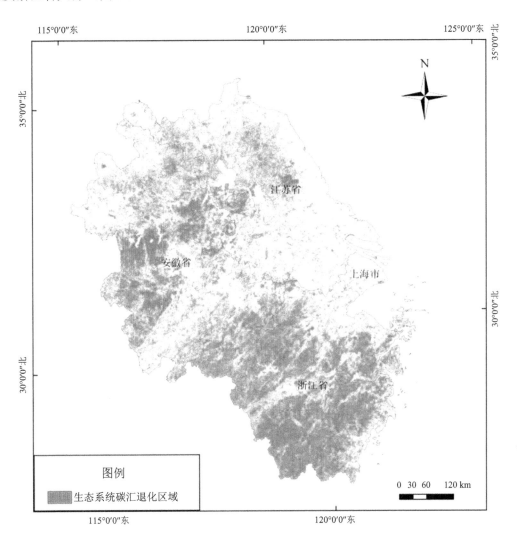

图 5-9　长三角地区生态系统碳汇退化区域分布

（1）省域生态系统碳汇退化区域

从省域生态系统碳汇退化区域分布来看，安徽省生态系统碳汇退化区域面积最大，生态系统碳汇退化斑块共计 26.93 万块，生态系统碳汇退化区域面积为 6.73 万 km²；浙江省、江苏省、上海市生态系统碳汇退化斑块数量分别为 25.87 万块、10.33 万块、0.34 万块，生态系统碳汇退化区域面积分别为 6.47 万 km²、2.58 万 km²、0.08 万 km²。生态系统碳汇退化区域面积占生态系统碳汇面积的比例最高的是浙江省，为 64.58%，其次是安徽省和江苏省，该比例分别为 49.48% 和 27.99%，上海市的该比例最低，为 15.06%（图 5-10）。

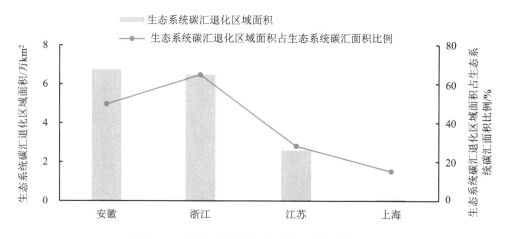

图 5-10　长三角地区生态系统碳汇退化区域面积

（2）市域生态系统碳汇退化区域

从地级行政区域生态系统碳汇退化区域面积来看，长三角地区生态系统碳汇退化区域面积最大的是浙江省丽水市，为 1.46 万 km²。从碳汇退化区域面积占比来看，长三角地区所有地级行政区域生态系统碳汇退化区域面积占生态系统碳汇面积比例均超过 10%。其中，占比最大的地市是浙江省丽水市，为 84.77%；其次是安徽省黄山市、浙江省温州市和安徽省淮南市，占比超过 70%。生态系统碳汇退化区域面积占生态系统碳汇总面积比例超过 50% 的地市有 14 个，分别为丽水市、黄山市、温州市、淮南市、六安市、杭州市、衢州市、台州市、滁州市、金华市、绍兴市、宣城市、宁波市、淮安市。

长三角地区丽水市、温州市、杭州市等地市生态系统碳汇较高，生态系统碳汇高值区域面积占比超过 90%，但同时生态系统碳汇退化区域面积占比较大，需要开展生态系统碳汇保护修复，遏制生态系统碳汇退化趋势。

5.5　长三角地区生态系统碳汇潜力预测

以 2000—2022 年长三角地区生态系统碳汇评估结果为基础，利用面向统一监管的碳汇能力巩固提升潜力估算方法，对长三角地区生态系统碳汇潜力进行预测。

5.5.1　长三角地区生态系统碳汇潜力

长三角地区生态系统碳汇总量潜力为 5 688.27 万 t，与现状年（2022 年）相比，碳汇能力的巩固提升潜力为 1 208.36 万 t，碳汇能力的巩固提升率为 26.97%。

在碳汇能力达到巩固提升潜力的情况下,长三角地区单位面积生态系统碳汇量可以达到 170.23 t/km²,与现状年(2022 年)相比增加 32.38 t/km²,单位面积生态系统碳汇的提升率为 23.49%。

5.5.2   省域生态系统碳汇潜力

(1)生态系统碳汇总量

从省级行政区域来看,长三角地区生态系统碳汇总量潜力最大的是浙江省,其生态系统碳汇总量潜力为 2 139.47 万 t;其次是安徽省、江苏省、上海市,生态系统碳汇总量潜力分别为 2 123.01 万 t、1 340.58 万 t、85.22 万 t。

与现状年(2022 年)相比,碳汇能力的巩固提升潜力最多的是安徽省,碳汇能力的巩固提升潜力为 490.59 万 t,浙江省、江苏省、上海市碳汇能力的巩固提升潜力分别为 461.48 万 t、242.07 万 t、14.22 万 t。在长三角地区各省(市)中,碳汇能力的巩固提升率最大的是安徽省,为 30.05%,浙江省、江苏省、上海市碳汇能力的巩固提升率分别为 27.50%、22.04%、20.03%(图 5-11)。

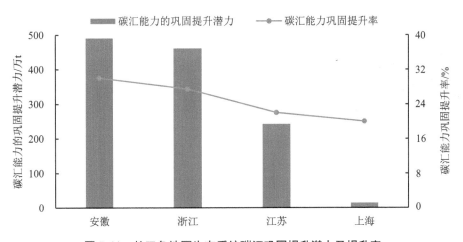

图 5-11   长三角地区生态系统碳汇巩固提升潜力及提升率

(2)单位面积生态系统碳汇

在碳汇能力达到巩固提升潜力的情况下,单位面积生态系统碳汇最高的是浙江省,单位面积生态系统碳汇将达到 213.61 t/km²;其次是安徽省、上海市、江苏省,单位面积生态系统碳汇将分别达到 156.02 t/km²、151.75 t/km²、145.22 t/km²。

与现状年(2022 年)相比,单位面积生态系统碳汇提升潜力最高的是浙江省,单位面积生态系统碳汇增加 41.58 t/km²,安徽省、江苏省、上海市单位面积生态系统碳汇分别增加 33.77 t/km²、21.63 t/km²、10.99 t/km²。单位面积生态系统碳汇的提升率最高的是安徽省，提升率为 27.63%，浙江省、江苏省、上海市单位面积生态系统碳汇的提升率分别为 24.17%、17.50%、7.81%（图 5-12）。

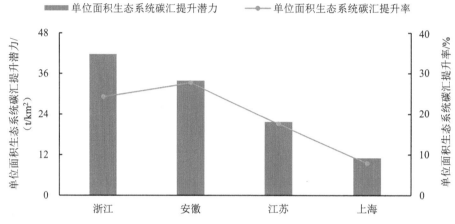

图 5-12   长三角地区单位面积生态系统碳汇提升潜力及提升率

5.5.3   市域生态系统碳汇潜力

在地级行政区域中，单位面积生态系统碳汇潜力排名前三的是浙江省温州市、丽水市、台州市，其单位面积生态系统碳汇潜力分别为 245.67 t/km²、244.95 t/km²、232.74 t/km²。

与现状年（2022 年）相比，单位面积生态系统碳汇提升潜力最高的是浙江省丽水市，单位面积生态系统碳汇提升潜力为 54.98 t/km²，其次是温州市、台州市、衢州市、淮南市、六安市，单位面积生态系统碳汇提升潜力均超过 40 t/km²。其他地级行政区域单位面积生态系统碳汇提升潜力为 10~40 t/km²。

从单位面积生态系统碳汇提升率来看，提升率最高的为安徽省淮南市，单位面积生态系统碳汇的提升率为 50.23%，六安市、滁州市、亳州市、蚌埠市、宿州市 5 个市提升率均高于 30%。对于碳汇提升潜力较大的区域，应采取生态修复措施提升生态系统碳汇。

第 6 章

国家重大战略区域生态系统碳汇评估预测
——黄河流域

内容摘要

本章利用面向统一监管的生态系统碳汇方法体系，对 2000—2022 年黄河流域生态系统碳汇进行统一评估，分析黄河流域生态系统碳汇总量、生态系统碳汇面积、单位面积生态系统碳汇的动态变化、地域差异等时空变化特征，揭示黄河流域生态系统碳汇空间聚集性，识别黄河流域生态系统碳汇高值区域、退化区域及其地域分布情况。基于此，对黄河流域生态系统碳汇进行统一预测，确定黄河流域生态系统碳汇总量潜力、碳汇能力的巩固提升潜力、单位面积生态系统碳汇潜力及其提升量、提升率，为黄河流域碳汇能力持续巩固提升、生态系统碳汇统一监管、有效发挥生态系统碳汇在实现碳达峰、碳中和中的重要作用提供科技支撑。

6.1 研究背景

6.1.1 黄河流域生态保护和高质量发展

党的十八大以来，以习近平同志为核心的党中央着眼于生态文明建设全局，将黄河流域生态保护和高质量发展上升为国家重大战略。习近平总书记多次实地考察黄河流域生态保护和经济社会发展情况，召开三次黄河流域生态保护和高质量发展座谈会并发表重要讲话，科学完整擘画了黄河流域生态保护和高质量发展蓝图，掀开了黄河治理、保护和高质量发展新篇章。

（1）主要进展

2019 年 9 月 18 日，习近平总书记在河南郑州主持召开黄河流域生态保护和高质量发展座谈会并发表重要讲话，强调要坚持绿水青山就是金山银山的理念，坚持生态优先、绿色发展，以水而定、量水而行，因地制宜、分类施策，上下游、干支流、左右岸统筹谋划，共同抓好大保护，协同推进大治理，着力加强生态保护治理、保障黄河长治久安、促进全流域高质量发展、改善人民群众生活、保护传承弘扬黄河文化，让黄河成为造福人民的幸福河。

2021 年 10 月 22 日，习近平总书记在山东省济南市主持召开深入推动黄河流域生态保护和高质量发展座谈会并发表重要讲话，强调要科学分析当前黄河流域生态保护和高质量发展形势，把握好推动黄河流域生态保护和高质量发展的重大问题，咬定目标、脚踏实地，埋头苦干、久久为功，确保"十四五"时期黄河流域生态保护和高质量发展取得明显成效，为黄河永远造福中华民族而不懈奋斗。习近平总书记指出，沿黄河省（区）要落实好黄河流域生态保护和高质量发展战略部署，坚定不移走生态优先、绿色发展的现代化道路。第一，要坚持正确政绩观，准确把握保护和发展关系；第二，要统筹发展和安全两件大事，提高风险防范和应对能力；第三，要提高战略思维能力，把系统观念贯穿到生态保护和高质量发展全过程；第四，要坚定走绿色低碳发展道路，推动流域经济发展质量变革、效率变革、动力变革。习近平强调，"十四五"时期是推动黄河流域生态保护和高质量发展的关键时期，要抓好重大任务贯彻落实，力争尽快见到新气象。

2021 年 10 月 8 日，中共中央、国务院印发《黄河流域生态保护和高质量发展规划纲要》。该规划范围为黄河干支流流经的青海、四川、甘肃、宁夏、内蒙古、山西、陕西、河南、山东 9 省（区）相关县级行政区域，规划期至 2030 年，中期展望至 2035 年，远期展望至 21 世纪中叶。《黄河流域生态保护和高质量发展规划纲要》对黄河流域生态保护和高质量发展作出全面系统部署，确定了"国家生态安全的重要屏障"的战略地位，要求构建黄河流域生态保护"一带五区多点"空间布局，提出了加强上游水源涵养能力建设、加强中游水土保持、推进下游湿地保护和生态治理等重点任务，是指导当前和今后一个时期黄河流域生态保护和高质量发展的纲领性文件，是制定实施相关规划方案、政策措施和建设相关工程项目的重要依据。

2022 年 6 月 28 日，生态环境部、国家发展改革委、自然资源部、水利部四部门联合印发《黄河流域生态环境保护规划》，提出"坚持生态优先，实施系统保护修复"，要求坚持山水林田湖草沙系统保护和修复，构建黄河流域生态保护格局，修复重要生态系统，治理生态脆弱区域，强化生态保护监管，提升生态系统质量和稳定性。

2022 年 8 月 31 日，为深入贯彻习近平总书记重要讲话和指示批示精神，落实黄河流域生态保护和高质量发展国家重大战略，生态环境部会同有关部门制定并发布了《黄河生态保护治理攻坚战行动方案》，聚焦流域生态环境突出问题，统筹补短板、防风险、强生态、提能力、抓示范，着力打好黄河生态保护治理攻坚战，让黄河成为造福人民的幸福河。

2024 年 9 月 12 日，习近平总书记在甘肃省兰州市主持召开全面推动黄河流域生态保护和高质量发展座谈会并发表重要讲话，强调要认真贯彻党的二十大和二十届三中全会精神，牢牢把握重在保护、要在治理的战略要求，以进一步全面深化改革为动力，坚持生态优先、绿色发展，坚持量水而行、节水优先，坚持因地制宜、分类施策，坚持统筹谋划、协同推进，促进全流域生态保护上新台阶、绿色转型有新进展、高质量发展有新成效、人民群众生活有新改善，开创黄河流域生态保护和高质量发展新局面。习近平总书记指出，自党中央提出黄河流域生态保护和高质量发展战略以来，黄河流域生态环境质量稳步提升，水安全保障能力持续增强，能源粮食安全基础不断巩固，高质量发展亮点不少，黄河流域生态保护和高质量发展站到了更高起点上。

（2）主要成效

在习近平新时代中国特色社会主义思想的科学指引下，沿黄河省（区）和各相关部门完整、准确、全面贯彻新发展理念，统筹推进山水林田湖草沙一体化保护和系统治理，黄河生态保护治理取得明显成效，流域生态环境质量持续改善，人民群众生态环境获得感、幸福感不断增强。黄河流域水质 2023 年首次提升到优，干流连续两年全线达到 II 类水质。流域生态系统服务功能持续向好，生态变化遥感调查评估显示，近 20 年植被"绿线"向西移动约 300 km。

一是突出环境问题整治攻坚持续深入。认真落实习近平总书记重要指示批示，查实了一批以引黄调蓄、生态调水之名行"挖湖造景"之实的突出问题，解决了一批生态破坏、农业面源污染和生活垃圾处理不当等"老大难"问题。紧盯中央生态环境保护督察问题整改，第二轮中央生态环境保护督察发现沿黄河省（区）627 个问题，已整改完成 496 个。组织拍摄制作黄河流域生态环境警示片，紧盯 2021 年和 2022 年披露的 295 个问题整改，已完成整改 235 个。持续开展汛期尾矿库污染隐患排查治理，完成黄河流域饮用水水源地等环境敏感区域周边尾矿库治理整改 70 座。

二是环境污染综合治理成效明显。深入打好蓝天、碧水、净土保卫战，流域污染防治纵深推进。着力推进清洁取暖和煤电机组超低排放改造，强化锅炉、工业炉窑综合治理。实施入河排污口排查整治专项行动、沿黄河省（区）工业园区水污染整治专项行动，深入推进城市黑臭水体治理和支流消劣整治，加强农村环境整治和农村黑臭水体治理。2023 年，黄河流域地级及以上城市细颗粒物（PM$_{2.5}$）平均浓度为 32 μg/m^3，较 2019 年下降了 17.9%；地表水优良水质断面比例达 91%，首次高于全国平均水平；劣 V 类水质断面比例为 1.5%，基本消除地级及以上城市黑臭水体。

三是流域生态系统质量稳步提升。加强生物多样性保护，建设三江源国家公园，推动设立黄河口、祁连山等国家公园。雪豹、白唇鹿、岩羊等大型野生动物重现黄河源，黄河三角洲自然保护区鸟类种群数量增加到 373 种。实施甘南黄河上游水源涵养区、秦岭东段洛河流域等 18 个山水林田湖草沙一体化保护和修复工程，选取一批重大工程开展生态环境成效评估，健全生态环境问题及时发现和处置工作机制。加强生态保护修复监管，完成黄河流域生态状况调查评估，连续开展"绿盾"自然保护地强化监督，常态化开展自然保护地人类活动遥感监测。

四是生态环境风险有效防控。紧盯"一废一库一品一重"等高风险领域，以集中式饮用水水源地、化工园区为重点，深入开展黄河流域环境风险隐患排查整治，稳妥有序化解各类环境风险。完成黄河流域历史遗留矿山生态破坏和污染状况调查评价。开展黄河流域固体废物倾倒排查整治，严厉打击非法转移和倾倒等违法犯罪行为。持续提升环境应急能力，完成 306 条重点河流"一河一策一图"编制，推动建立跨省流域上下游突发水污染事件联防联控机制。

五是低碳发展扎实推进。建立流域生态环境分区管控体系，严格生态环境准入，推动产业结构、能源结构、交通运输结构、城市环境治理结构转型升级。建立绿色通道，加快能源保供、基础设施等重大项目环评审批，沿黄河产煤大省增产保供关键作用有效发挥，上游和"几字弯"地区风电光伏基地加快建设。开展减污降碳协同创新试点，黄河流域绿色制造体系加快建立，251 家绿色工厂、工业园区和供应链管理企业形成示范带动效应。在 25 个沿黄河城市开展"无废城市"建设，持续提升固体废物综合治理能力。沿黄河省（区）建成 160 个生态文明建设示范区、75 个"绿水青山就是金山银山"实践创新基地。

六是生态环境治理能力大幅提升。推动出台《中华人民共和国黄河保护法》，按照《黄河流域生态保护和高质量发展规划纲要》"1+N+X"要求，印发《黄河流域生态环境保护规划》，为黄河流域生态保护和高质量发展提供了法治和规划保障。发挥黄河流域生态环境监督管理机构职能作用，健全流域统筹、地方落实、协同推进的监管格局。完善黄河流域生态环境监测网络，设立 282 个国控水质监测断面，布设 22 个农业面源污染监测区，建设 13 个国家生态质量综合监测站。建立健全黄河流域横向生态保护补偿机制，推动 6 省（区）签署补偿协议。开展气候投融资试点，推行生态环境导向的开发（EOD）模式试点。

6.1.2　黄河流域概况

（1）地理位置

黄河发源于青藏高原巴颜喀拉山北麓海拔 4 500 m 的约古宗列盆地，流经青海、四川、甘肃、宁夏、内蒙古、山西、陕西、河南、山东 9 省（区），注入渤海，干流河道全长 5 464 km。河口镇以上为黄河上游，干流河道长 3 472 km；河口镇至河南郑州桃花峪为黄河中游，干流河道长 1 206 km；桃花峪以下至入海口为黄河下游，干流河道长 786 km。黄河流域幅员辽阔，西部属于青藏高原，北邻沙漠戈壁，南靠长江流域，东部穿越黄淮海平原，流域面积为 79.58 万 km²。

（2）经济社会

黄河流域总土地面积 11.9 亿亩（含内流区），占全国国土面积的 8.3%。流域内共有耕地 2.44 亿亩，农村人均耕地 3.5 亩，约为全国农村人均耕地的 1.4 倍。流域内大部分地区光热资源充足，农业生产发展潜力大，黄淮海平原、汾渭平原、河套灌区是我国的粮食主产区。

表 6-1　黄河流域涉及省级行政区域的 GDP 汇总

省级行政区域	GDP		人均 GDP	
	2023 年/亿元	较 2022 年增长幅度/%	2023 年/元	较 2022 年增长幅度/%
青海	3 799.06	5.3	63 903.00	5.3
四川	60 132.90	6.0	71 835.00	6.0
甘肃	11 863.80	6.4	47 867.00	6.9
宁夏	5 314.95	6.6	72 957.00	6.3
内蒙古	24 627.00	7.3	102 677.00	7.4
山西	25 698.18	5.0	73 984.00	5.2
陕西	33 786.07	4.3	85 447.82	4.3
河南	59 132.39	4.1	60 073.00	4.4
山东	92 068.70	6.0	49 574.60	5.8

近年来，随着西部大开发、中部崛起等战略的实施，黄河流域经济社会得到快速发展，1980年以来流域国内生产总值年均增长率达11.0%，人均GDP增长了10多倍。但流域大部分地处我国中西部地区，由于历史、自然条件等原因，经济社会发展相对滞后，现状年黄河流域GDP仅占全国的8%，人均GDP约为全国人均的90%。

（3）自然概况

1）气候条件

黄河流域多年平均降水量为466 mm，总体呈现由东南向西北递减趋势，降水最多的是流域东南部的湿润、半湿润地区，如秦岭、伏牛山及泰山一带，年降水量达800～1 000 mm；降水量最少的是流域北部的干旱地区，如宁蒙河套平原，年降水量只有200 mm左右。流域内大部分地区旱灾频繁，历史上曾经多次发生遍及数省、连续多年的严重旱灾，危害极大。

2）水文水系

黄河的突出特点是"水少沙多"，全河多年平均天然径流量580亿 m^3，仅占全国河川径流总量的2%，流域内人均水量593 m^3，为全国人均水量的25%；水资源相对贫乏，且河川径流年际、年内变化大，地区分布不均，62%的水量来自兰州断面以上。黄河三门峡站多年平均输沙量约16亿 t，多年平均天然含沙量35 kg/m^3。

黄河泥沙来源具有地区分布相对集中、年内分配集中、年际变化大的特点，水量主要来自兰州以上、秦岭北麓及洛河、沁河地区，泥沙主要来自河口镇至龙门区间、泾河、北洛河及渭河上游地区。

3）生态资源

黄河流域具有较丰富的生态类型，拥有黄河天然生态廊道和三江源、祁连山、若尔盖等多个重要生态功能区域，沿河形成了各具特色的生物群落。黄河作为联结河源、上中下游及河口等湿地生态单元的"廊道"，是维持河流水生生物和洄游鱼类栖息、繁殖的重要基础。同时由于特殊的地理环境，黄河流域也是我国生态脆弱区分布面积最大、脆弱生态类型最多、生态脆弱性表现最明显的流域之一，上游的高原冰川、草原草甸、三江源、祁连山，中游的黄土高原，下游的黄河三角洲等，都极易发生退化，恢复难度极大且过程缓慢。

4）水土保持

黄河巨量泥沙来源于世界上水土流失面积最广、侵蚀强度最大的黄土高原，水土流失面积45.4万 km^2（占全流域水土流失总面积的97.6%）。侵蚀模数大于8 000 t/(km^2·a)的极强度水蚀面积为8.5万 km^2，占全国同类面积的64%；侵蚀模数大于15 000 t/(km^2·a)

的剧烈水蚀面积为 3.67 万 km²，占全国同类面积的 89%。流域北部长城内外的风沙区风蚀强烈。严重的水土流失和风沙危害使脆弱的生态环境继续恶化，阻碍当地社会和经济的发展，而且大量泥沙输入黄河，淤高下游河床，也是黄河下游水患严重而又难以治理的症结所在。

5）矿产资源

黄河流域的矿产资源尤其是能源资源十分丰富，煤、稀土、石膏、玻璃用石英岩、铌、铝土矿、钼、耐火黏土等资源具有全国性优势。中游地区的煤炭资源、中下游地区的石油和天然气资源，在全国占有极其重要的地位。流域已探明煤产地（或井田）685 处，保有储量约 5 500 亿 t，占全国煤炭储量的 50%左右，预测煤炭资源总储量约 2.0 万亿 t，在保障我国能源安全方面具有十分重要的战略地位。流域水力资源技术可开发装机容量34 941.3 MW。

6.2　研究区域与方法

6.2.1　研究区域

在本研究中，黄河流域研究范围涉及青海省、四川省、甘肃省、宁夏回族自治区、内蒙古自治区、山西省、陕西省、河南省、山东省 9 个省（区），共计 65 个地级行政区域，399 个县级行政区域，土地总面积为 112.52 万 km²。

6.2.2　研究方法

本研究利用面向统一监管的生态系统碳汇方法体系，开展 2000—2022 年黄河流域生态系统碳汇评估、碳汇能力巩固提升潜力估算、生态系统碳汇高值区域与退化区域等研究。结合趋势分析、聚类分析等，揭示 2000—2022 年黄河流域及其省级、地级、县级行政区域生态系统碳汇时空演变特征等。主要研究方法包括面向统一监管的生态系统碳汇评估方法、碳汇能力巩固提升潜力估算、生态系统碳汇保护空间划定方法以及趋势分析、聚类分析等。

6.3 黄河流域生态系统碳汇时空分析

6.3.1 生态系统碳汇动态变化分析

（1）生态系统碳汇总量变化

2000—2022 年，黄河流域生态系统碳汇总量呈波动上升趋势，由 4 554.39 万 t 增至 7 945.83 万 t，增幅为 74.47%，生态系统碳汇总量变化趋势为 135.44 万 t/a（R^2=0.897 1），远高于同期全国生态系统碳汇总量的增幅（29.07%）（图 6-1）。

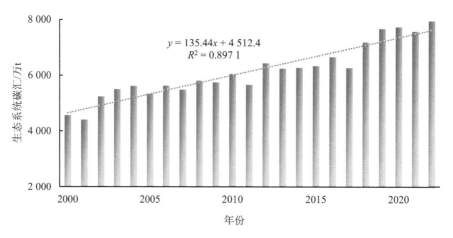

图 6-1 2000—2022 年黄河流域生态系统碳汇总量变化

2000—2022 年，黄河流域生态系统碳汇总量的多年平均值为 6 137.73 万 t/a，其中 2022 年生态系统碳汇总量最高。其间，黄河流域生态系统碳汇总量占全国生态系统碳汇总量的比例总体呈波动上升趋势，由 2000 年的 6.77%上升至 2022 年的 9.15%，其中 2022 年占比最高为 9.15%。

（2）生态系统碳汇面积变化

2000—2022 年，黄河流域生态系统碳汇面积的多年平均值为 93.66 万 km²，占黄河流域土地面积比例为 83.24%。

2000—2022 年，黄河流域生态系统碳汇面积总体上呈上升趋势，由 93.82 万 km² 增至 98.12 万 km²，增幅为 4.59%，生态系统碳汇面积变化趋势为 0.176 万 km²/a（R^2=0.195 1），占黄河流域土地总面积的比例由 83.38%上升至 87.21%（图 6-2）。

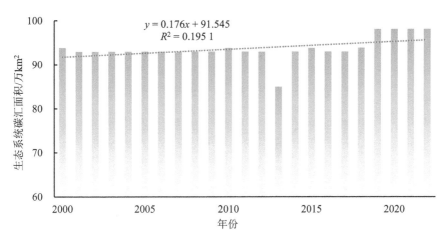

图 6-2　2000—2022 年黄河流域生态系统碳汇面积

（3）单位面积生态系统碳汇变化

2000—2022 年，黄河流域单位面积生态系统碳汇的多年平均值为 65.44 t/km²，低于全国单位面积生态系统碳汇的多年平均值（113.01 t/km²），但呈稳步上升的趋势，由 2000 年的 48.55 t/km² 增至 2022 年的 80.98 t/km²，增幅为 66.82%，平均每年增加 1.304 万 t/km²（R^2=0.897 1）。其中，2022 年黄河流域单位面积生态系统碳汇达到最高（图 6-3）。

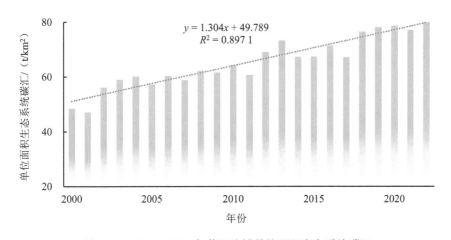

图 6-3　2000—2022 年黄河流域单位面积生态系统碳汇

在气候变化和生态建设的影响下，特别是在"三北"防护林建设、退耕还林还草、天然林保护等一系列生态工程措施支持下，黄河流域植被覆盖率、净初级生产力明显提高，陆地植被生态质量持续向好发展，可能是黄河流域生态系统碳汇提升的重要原因。

6.3.2　生态系统碳汇地域差异分析

（1）生态系统碳汇总量差异

2000—2022 年，在黄河流域各省（区）中，甘肃省生态系统碳汇总量最高，其生态系统碳汇总量的多年平均值为 1 168.46 万 t，对黄河流域生态系统碳汇贡献率为 19.04%；其次是青海省和陕西省，生态系统碳汇总量的多年平均值分别为 1 166.02 万 t 和 1 125.36 万 t，分别占黄河流域生态系统碳汇总量的 19.00% 和 18.34%（图 6-4）。

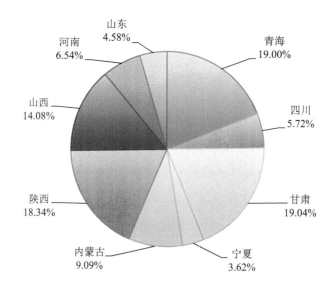

图 6-4　黄河流域生态系统碳汇总量构成

从时间变化来看，2000—2022 年黄河流域各省（区）生态系统碳汇总体呈上升趋势，生态系统碳汇总量趋势率均为正值。其中，宁夏回族自治区、陕西省和甘肃省生态系统碳汇总量的增幅较高，2022 年相较 2000 年分别增长了 112.93%、112.50% 和 86.05%。黄河流域各省（区）中，生态系统碳汇总量趋势率最高的是陕西省，为 32.07 万 t/a。

（2）生态系统碳汇面积差异

在黄河流域各省（区）中，2000—2022 年青海省生态系统碳汇面积最大且占土地面积的比例最高，生态系统碳汇面积的多年平均值为 27.47 万 km²，其次是内蒙古自治区，生态系统碳汇面积的多年平均值为 14.52 万 km²。从生态系统碳汇面积占土地总面积比例来看，黄河流域各省（区）中生态系统碳汇面积占比最大的是四川省（94.82%），其次是青海省（93.51%）和宁夏回族自治区。内蒙古自治区生态系统碳汇面积占土地面积比例最小，仅为 53.56%。

从生态系统碳汇面积增长率来看，2000—2022 年黄河流域各省（区）生态系统碳汇面积均呈波动上升趋势。其中，陕西省生态系统碳汇面积增长率最高，由 2000 年的 12.47 km² 增至 2022 年的 13.34 万 km²，增长率为 7.04%；其次是甘肃省和山西省，生态系统碳汇面积分别增长 6.50% 和 6.33%。

（3）单位面积生态系统碳汇差异

从单位面积生态系统碳汇来看，2000—2022 年黄河流域生态系统碳汇总体上呈现西北高、东南低的趋势，黄河上游地区生态系统碳汇相对偏低，中下游地区固碳效率明显提升。2000—2022 年，黄河流域各省（区）单位面积生态系统碳汇多年平均值最高的是河南省，为 98.91 t/km²；其次是陕西省和山西省，其单位面积生态系统碳汇多年平均值分别为 89.80 t/km² 和 88.48 t/km²；内蒙古自治区单位面积生态系统碳汇多年平均值最低，仅为 38.4 t/km²（图 6-5）。

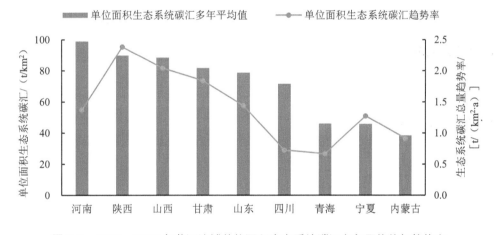

图 6-5　2000—2022 年黄河流域单位面积生态系统碳汇多年平均值与趋势率

从时间变化来看，2000—2022 年黄河流域各省（区）单位面积生态系统碳汇均呈波动上升趋势。其中，陕西省单位面积生态系统碳汇增加最多，2000—2022 年其单位面积生态系统碳汇增加了 56.76 t/km²；宁夏回族自治区单位面积生态系统碳汇的增幅最大，2000—2022 年其单位面积生态系统碳汇增加 102.48%。由图 6-5 可知，陕西省和山西省单位面积生态系统碳汇趋势率较大，分别为 2.38 t/（km²·a）和 2.04 t/（km²·a）。

6.3.3　生态系统碳汇空间聚类分析

以黄河流域各县级行政区域单位面积生态系统碳汇为分析变量，开展基于 Moran's I 指数的生态系统碳汇空间聚类分析。结果显示，黄河流域单位面积生态系统碳汇的

Moran's I 指数为 0.537 9，且 z 得分为 20.49，p 值为 0.000 000，说明黄河流域生态系统碳汇分布在 99.9% 置信度下存在极显著的空间正相关性，生态系统碳汇高值、生态系统碳汇低值的空间聚集特征明显（图 6-6）。

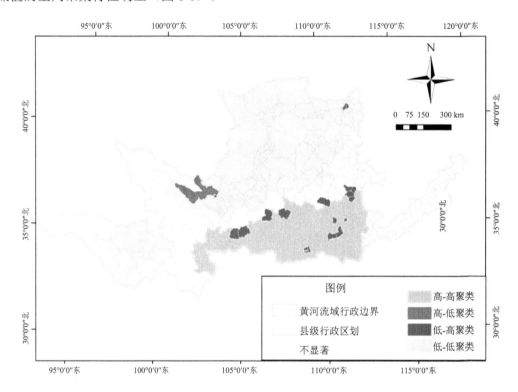

图 6-6　黄河流域单位面积生态系统碳汇空间聚类分布特征

黄河流域生态系统碳汇高-高聚集或低-低聚集呈集中分布。从不同空间聚集特征的县级行政区域数量统计来看，黄河流域单位面积生态系统碳汇高-高聚集的县级行政区域数量为 125 个，达到黄河流域县级行政区域总数的 31.33%。生态系统碳汇高-高聚集的县级行政区域数量最多的是陕西省、甘肃省、陕西省，分别有 54 个、30 个、26 个，成为区域碳汇能力持续巩固提升、生态建设协同增效的重要区域。黄河流域生态系统碳汇低-低聚集的县级行政区域数量为 94 个，达到黄河流域县级行政区域总数的 23.56%，表现为生态系统碳汇能力偏低的冷点区域，生态系统碳汇低-低聚集的县级行政区域数量最多的是内蒙古自治区，有 38 个，其次是宁夏回族自治区和甘肃省，分别有 17 个和 13 个。

此外，黄河流域有 4 个县域呈高-低聚集，说明其碳汇能力高于周边县域。有 17 个县域呈低-高聚集，其碳汇能力相比周边县域较低，主要位于山西省、陕西省和甘肃省的城市市区，受到人类活动等影响碳汇能力较低。

6.4　黄河流域生态系统碳汇重点区域分析

6.4.1　生态系统碳汇高值区域

根据 2000—2022 年黄河流域生态系统碳汇评估结果和生态系统碳汇高值区域划分标准，黄河流域生态系统碳汇高值斑块共计 42.57 万块，生态系统碳汇高值区域面积为 10.64 万 km²，占黄河流域土地总面积的 9.46%，占黄河流域生态系统碳汇总面积的 10.69%，低于全国生态系统碳汇高值区域面积占全国生态系统碳汇总面积的比例（40.89%）（图 6-7）。

图 6-7　2000—2022 年黄河流域生态系统碳汇高值区域分布

从生态系统碳汇高值区域分布来看（图 6-8），陕西省生态系统碳汇高值区域面积最大，为 4.02 万 km²；其次是甘肃省和山西省，其生态系统碳汇高值区域面积分别为 2.83 km² 和 2.03 万 km²。从省级行政区域生态系统碳汇高值区域占比来看，生态系统碳汇高值区域面积占生态系统碳汇总面积的比例最大的是陕西省，为 29.90%，其次是河南省和山西省。

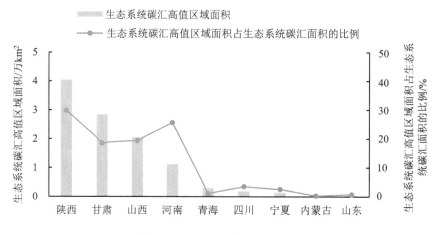

图 6-8 黄河流域生态系统碳汇高值区域面积统计

从地级行政区域来看，黄河流域生态系统碳汇高值区域面积最大的是陕西省宝鸡市，为 1.32 万 km²。在黄河流域 65 个地级行政区域中，宝鸡市、商洛市、西安市、天水市、长治市、铜川市 6 个地级行政区域生态系统碳汇高值区域面积占比高于 50%，其中宝鸡市和商洛市生态系统碳汇高值区域面积占生态系统碳汇总面积的比例高于 80%。19 个地级行政区域生态系统碳汇高值区域面积占生态系统碳汇总面积比例为 10%～50%，40 个地级行政区域生态系统碳汇高值区域面积占比低于 10%。

6.4.2 生态系统碳汇退化区域

根据 2000—2022 年黄河流域生态系统碳汇评估结果和生态系统碳汇退化区域划分标准，黄河流域生态系统碳汇退化斑块共计 40.47 万块，生态系统碳汇退化区域面积为 10.12 万 km²，占黄河流域土地总面积的 8.99%，占黄河流域生态系统碳汇总面积的 10.16%，低于全国生态系统碳汇退化区域面积占全国生态系统碳汇总面积的比例（28.22%）（图 6-9）。

从生态系统碳汇退化区域分布来看（图 6-10），内蒙古自治区生态系统碳汇退化区域面积最大，为 2.14 万 km²；其次是甘肃省和青海省，生态系统碳汇退化区域面积分别为 1.84 万 km² 和 1.75 万 km²。从生态系统碳汇退化区域面积占比来看，河南省生态系统碳汇退化区域占生态系统碳汇总面积的比例最大，为 18.40%；其次是宁夏回族自治区。

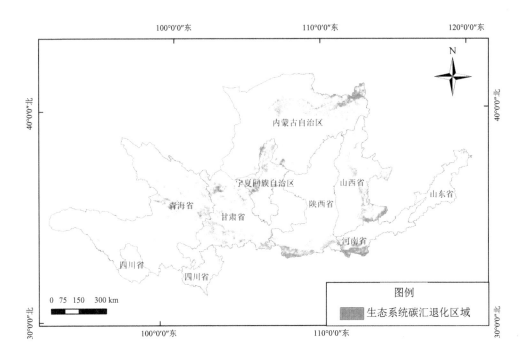

图 6-9　2000—2022 年黄河流域生态系统碳汇退化区域分布

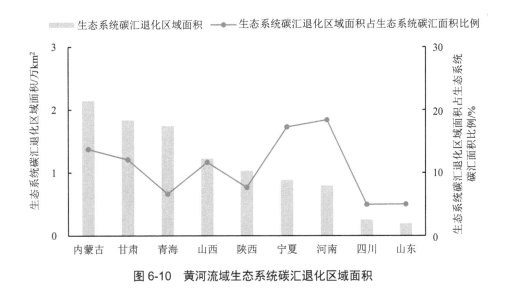

图 6-10　黄河流域生态系统碳汇退化区域面积

从地级行政区来看，黄河流域生态系统碳汇退化区域面积最大的是青海省海南藏族自治州，为 5 198.75 km²；其次是内蒙古自治区巴彦淖尔市和内蒙古自治区鄂尔多斯市，生态系统碳汇退化区域面积分别为 5 069.5 km² 和 4 659 km²。生态系统碳汇退化区域面积占比最大的是山西省晋城市，生态系统碳汇退化区域面积占生态系统碳汇总面积的比例为 39.45%，其次是内蒙古自治区乌兰察布市和山西省长治市，生态系统碳汇退化区域面积占生态系统碳汇总面积的比例分别为 36.83% 和 33.97%。各市生态系统碳汇退化区域面积占生态系统碳汇总面积的比例为 0~40%，在 65 个地级行政区中，29 个地市生态系统碳汇退化区域占比高于 10%，36 个地市生态系统碳汇退化区域低于 10%。

6.5　黄河流域生态系统碳汇潜力预测

以 2000—2022 年黄河流域生态系统碳汇评估结果为基础，利用面向统一监管的碳汇能力巩固提升潜力估算方法，对黄河流域生态系统碳汇潜力进行预测。

6.5.1　黄河流域生态系统碳汇潜力

黄河流域生态系统碳汇总量潜力为 8 867.93 万 t，与现状年（2022 年）相比，碳汇能力的巩固提升潜力为 922.10 万 t，碳汇能力的巩固提升率为 11.60%。

在碳汇能力达到巩固提升潜力的情况下，黄河流域单位面积生态系统碳汇可以达到 89.07 t/km²，与现状年（2022 年）相比增加 8.09 t/km²，单位面积生态系统碳汇的提升率为 9.99%。

6.5.2　省域生态系统碳汇潜力

（1）生态系统碳汇总量

黄河流域生态系统碳汇总量潜力排名前三的省是青海省、甘肃省、陕西省，其生态系统碳汇总量潜力分别为 1 749.35 万 t、1 702.43 万 t、1 652.39 万 t。

与现状年（2022 年）相比，在黄河流域各省（区）中，碳汇能力的巩固提升潜力最多的是甘肃省，碳汇能力的巩固提升潜力为 184.50 万 t，其次是内蒙古自治区和山西省，碳汇能力的巩固提升潜力分别为 161.20 万 t 和 138.03 万 t。碳汇能力的巩固提升潜力率最高的是内蒙古自治区，为 23.37%；其次是宁夏回族自治区和河南省，碳汇能力的巩固提升率分别为 20.06% 和 17.13%（图 6-11）。

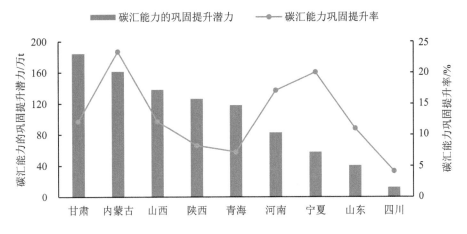

图 6-11　黄河流域生态系统碳汇巩固提升潜力及提升率

（2）单位面积生态系统碳汇

在碳汇能力达到巩固提升潜力的情况下，单位面积生态系统碳汇最高的是河南省，单位面积生态系统碳汇达到 130.95 t/km²，其次是陕西省和山西省，单位面积生态系统碳汇分别达到 122.80 t/km² 和 121.37 t/km²。

与现状年（2022 年）相比，单位面积生态系统碳汇提升潜力最高的是河南省，为 15.30 t/km²，其次是山西省和甘肃省，单位面积生态系统碳汇提升潜力分别为 11.49 t/km² 和 11.43 t/km²。单位面积生态系统碳汇提升率前三名是内蒙古自治区、宁夏回族自治区和河南省，提升率分别为 19.61%、18.67% 和 13.23%（图 6-12）。

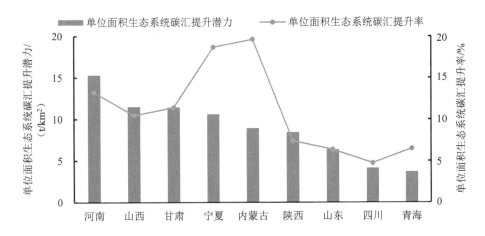

图 6-12　黄河流域单位面积生态系统碳汇提升潜力及提升率

6.5.3　市域生态系统碳汇潜力

在地级行政区域中，单位面积生态系统碳汇潜力最大的是陕西省宝鸡市，为 186.81 t/km²；其次是甘肃省天水市和陕西省商洛市，其单位面积生态系统碳汇潜力分别为 164.45 t/km² 和 162.39 t/km²。

与现状年（2022 年）相比，山西省晋城市、长治市、甘肃省兰州市等 8 个地级行政区域单位面积生态系统碳汇提升潜力超过 20 t/km²，其中山西省晋城市最高，为 27.03 t/km²。此外，18 个地级行政区域单位面积生态系统碳汇提升潜力高于 10 t/km²。从单位面积生态系统碳汇提升率来看，最高的是甘肃省兰州市，其次是白银市，单位面积生态系统碳汇的提升率分别为 38.58%、33.51%。27 个地级行政区域单位面积生态系统碳汇提升率为 10%~30%，36 个地区单位面积生态系统碳汇提升率低于 10%。

从碳源角度来看，黄河流域作为煤炭资源富集区，经济发展长期依赖自然资源，但因长期徘徊于资源采掘与初级加工阶段，采取了过度开采与破坏生态的高强度资源开发模式，导致产业结构偏重能源、质量低下，碳排放量居高不下，治理工作面临严峻挑战。从碳汇角度来看，黄河流域在我国生态安全体系中占据核心地位，其独特的地理位置连接着青藏高原、黄土高原与华北平原，形成了一条重要的生态走廊。特别是其上游与中游区域，分布着众多关键的水源涵养和国家重点生态功能区，是巨大的碳汇、碳储存区域，具有较强的生态系统碳汇能力。黄河流域生态保护和高质量发展是对黄河流域乃至北方河流的一个指导性区域重大国家战略，未来应综合考虑流域上中下游、干支流、左右岸、地上地下，开展一体化生态保护与治理，挖掘生态系统碳汇潜力，推进黄河流域生态系统碳汇统一监管和生态保护治理，支撑全国碳达峰、碳中和目标如期实现。

第 7 章

国家重大战略区域生态系统碳汇评估预测
——秦岭地区

内容摘要

本章利用面向统一监管的生态系统碳汇方法体系，对 2000—2022 年秦岭地区生态系统碳汇进行统一评估，分析秦岭地区生态系统碳汇总量、生态系统碳汇面积、单位面积生态系统碳汇的动态变化、地域差异等时空变化特征，揭示秦岭地区生态系统碳汇空间聚集性，识别秦岭地区生态系统碳汇高值区域、退化区域及其地域分布情况。基于此，对秦岭地区生态系统碳汇进行统一预测，确定秦岭地区生态系统碳汇总量潜力、碳汇能力的巩固提升潜力、单位面积生态系统碳汇潜力及其提升量、提升率，为秦岭地区碳汇能力持续巩固提升、生态系统碳汇统一监管、有效发挥生态系统碳汇在实现碳达峰、碳中和中的重要作用提供科技支撑。

7.1 研究背景

7.1.1 秦岭地区跨区域生态保护

党的十八大以来，习近平总书记高度重视秦岭生态环境保护，多次作出重要指示批示。2020 年 4 月，习近平总书记在陕西考察时强调，"把秦岭生态环境保护和修复工作摆上重要位置，履行好职责，当好秦岭生态卫士"。习近平总书记的重要讲话和重要指示批示，为秦岭生态环境保护工作指明了方向，提供了根本遵循。

2020 年，《全国重要生态系统保护和修复重大工程总体规划（2021—2035 年）》发布，规划构建"三区四带"的国家生态安全屏障，将秦岭作为黄河重点生态区的重要组成部分，部署开展重大保护修复工程。2022 年，陕西秦岭北麓山水林田湖草沙一体化保护和修复工程（以下简称秦岭山水工程）启动。工程投资 50 亿元，秦岭北麓（西安段）生态安全屏障得以整体保护、系统修复。

2018 年 7 月以来，陕西省委、省政府深刻吸取秦岭北麓西安境内违建别墅问题教训，着力建立健全秦岭生态环境保护长效机制，下气力整治乱搭乱建、乱采乱挖、乱砍乱伐、乱排乱放、乱捕乱猎"五乱"问题，实施系统性保护和修复，秦岭生态环境质量持续好转，秦岭生态环境保护工作掀开新的篇章。2020 年 7 月，《陕西省秦岭生态保护总体规划》印发实施，为制定相关实施方案和政策措施、推进生态环境保护和修复提供了重要依据。

2023 年 12 月 17 日，第一届秦岭地区跨区域生态保护协同合作轮值联席会议在西安召开，陕西省、河南省、湖北省、重庆市、四川省、甘肃省、青海省 7 个省（市）生态环境部门共同签署《加强秦岭地区跨区域生态保护协同合作备忘录》。会议指出，协同合作机制的建立是落实习近平总书记在全国生态环境保护大会上的重要讲话精神，建立区域联动机制、实现高水平保护的重要举措。近年来，秦岭地区生态保护工作已取得显著成效，但仍存在生态状况家底不清、生态保护工作针对性不强、区域协同治理不足等问题，要深刻认识秦岭生态环境保护的重要性和艰巨性，准确把握形势，强化一体化保护、系统化支撑、机制化运行，在现状调查评估、问题发现整改、经验总结推广、科研成果转化方面共同下好"一盘棋"，推动秦岭生态环境高水平保护。会议强调，要坚持以习近平生态文明思想为指导，深入学习贯彻习近平总书记关于秦岭生态环境保护的重要指示批示精神，健全常态化长效化保护机制，持续推进秦岭生态保护修复。

《加强秦岭地区跨区域生态保护协同合作备忘录》将共同加强秦岭地区跨区域生态保护协同合作，提升生态系统多样性、稳定性、持续性。加强信息交流，建立轮值联席会议制度，每年定期轮流召开联席会议，研究推进协同合作相关事项，完善协调会商机制和信息通报机制。推动共商共治，对跨区域生态破坏问题及时共商共治，联合开展跨区域生态破坏问题监管行动。推进数据共享，整合生态保护修复相关数据资源，完善数据共享机制。做好调查研究，围绕秦岭生态保护共性难题、课题开展调研，构建上下联动、左右协同的"同题共研"机制。加强科技支撑，针对秦岭地区关键生态问题，加强生态保护修复基础研究；深化与国内知名科研院所、高校间合作，组建秦岭生态保护专家委员会，建立科学有效的科技决策咨询制度，支撑秦岭生态保护修复；加大对基层生态环境部门管理和技术人员培训力度；凝聚宣传合力。

7.1.2　秦岭地区概况

（1）地理位置

秦岭是横亘于我国中部的东西走向的巨大山脉，西起昆仑，中经陇南、陕南，东至鄂豫皖-大别山以及蚌埠附近的张八岭，是我国南北方重要的地理界线。秦岭地区地处我国西北、西南和中原的交界处，地跨陕西省、青海省、甘肃省、四川省、重庆市、湖北省、河南省等省（市）。秦岭地区是我国中部最重要的生态屏障及全球生物多样性最丰富的地区之一，是黄河水系与长江水系的重要分水岭，是我国南北地质、气候、生物、土壤、水系等地理要素的天然分界线。

（2）地形地貌

秦岭山脉属于褶皱山脉，呈南北不对称分布，北坡山麓短急，地形陡峭，多峡谷，南坡山麓缓长，坡势较缓。秦岭山脉由北向南依次由太白山山系、秦岭终南山山系、陇山山系及巴山山系等几个山系组成。秦岭分为东、中、西三段，由东向西海拔逐渐升高，平均海拔 1 000 m 以上，最高海拔 3 771.2 m。秦岭东段由北向南分布着太华山、蟒岭、流岭等主要山岭，海拔为 1 500～2 600 m，牛背梁为秦岭东段最高山峰，海拔 2 802 m；秦岭中段分布在陕西省境内，主要山岭为四方台、首阳山、终南山等，普遍海拔为 2 500～3 000 m，其主峰太白山为中国东部大陆最高峰，海拔为 3 767 m；秦岭西段的主要山岭有南岐山、凤岭、紫柏山等，海拔为 2 000～3 000 m。

（3）气候条件

受地形的影响，秦岭的南北坡形成了不同的气候特征，南侧是北亚热带季风性湿润气候，北侧是暖温带半湿润季风气候。秦岭年均降水量为 400～1 500 mm，南北东西分布差异大，南坡降水量高于北坡，东部降水量高于西部，且降雨季节分配不均匀，主要集中在 6—9 月。秦岭年均温度变化为 12～17℃，活动积温为 3 370～4 900℃，无霜期为 210～290 d。日照时数由北向南逐渐减少，夏季日照时数最大，冬季最小。秦岭山高谷深，地势起伏大，山峰与谷地相间的山地形成了典型的山地气候，气候要素随着海拔高度的增加而明显不同，自下而上依次分布着亚热带、暖温带、中温带、寒温带、亚寒带等垂直气候带。

（4）植被

秦岭是我国重要的生态屏障，地处暖温带与亚热带的生态过渡带，气候资源丰富，土壤类型多样，加之秦岭山地地形复杂，使植被区系成分复杂，植被的水平和垂直分异比较显著。秦岭植被的水平地带性表现在，秦岭山地不同的温度带与亚带相应地形成了暖温带落叶阔叶林带、亚热带常绿阔叶林带和一些植被亚带，表现出纬度地带性的分布规律。秦岭主体为暖温带落叶阔叶林为优势的植被类型，秦岭北坡植被带的基带为以栓皮栎林为代表的落叶阔叶林，秦岭南坡植被带的基带为含常绿树的落叶阔叶林。垂直地带性特征表现在，秦岭自下而上分布着常绿阔叶林（仅南坡）、山地落叶阔叶林、山地针阔混交林、山地针叶林以及亚高山、高山草甸等山地植被。其中太白山植被垂直带谱，是世界上发现的带幅最宽、结构最复杂的山地落叶阔叶林带，为"超级垂直带"，在世界山地垂直带体系中是独一无二的。

（5）水文水系

秦岭以主脊为界构成长江、黄河两大水系的分水岭，南部属长江水系，北部属黄河水系。秦岭区域河流众多，水资源丰富，多年平均水资源总量为192.5亿 m^3，为汉江、丹江、嘉陵江、伊洛河和渭河支流黑河、石头河等河流发源地，是国家南水北调中线工程重要水源涵养区，供水量占南水北调中线总调水量的70%，被誉为"中国的中央水塔"。发源于秦岭且流域面积达100 km^2 以上的河流约200条，秦岭南麓有褒河、湑水河、酉水河、子午河、旬河、丹江等130多条河流汇入长江的主要支流汉江和嘉陵江，地表水资源量约159亿 m^3。秦岭北坡有60多条河流汇入黄河的一级支流渭河，水资源量约35亿 m^3，是关中城市群的主要水源地。

（6）生物资源

秦岭地区是我国重要的生物基因宝库。秦岭地区森林密布，林业用地面积占总面积的80.4%，森林覆盖率69.65%，孕育了丰富多样的动植物资源，有种子植物3 800余种、鸟类418种、兽类112种，分别占全国总数的13%、29%、22.4%，120种动物和176种植物被列入国家和省级重点保护对象，是许多古老和孑遗生物的家园。大熊猫、金丝猴、羚牛、朱鹮并称"秦岭四宝"。秦岭地区有丹参、杜仲、绞股蓝等中药材600余种，是我国重要的"天然药库"和"中药材之乡"。秦岭以南亚热带水果产量丰富，随处可见油桐、柑橘、枇杷、竹子等；秦岭以北为温带气候，主要水果有梨和苹果等。柿子、板栗、核桃等也是秦岭盛产的特色经济作物，产量丰富，畅销全国。

（7）矿产资源

秦岭地区矿产资源丰富，有30种矿产资源保有储量列全国前十位，钼、镍、钒、重晶石、石灰石等资源蕴藏丰富，钾长石储量位居全国第一。北麓山地地带蕴含着金矿、钼矿等金属矿产，还有大量的非金属矿和建材石料，其中潼关、太白的金矿，金堆城钼矿，蓝田玉石等最为著名。

7.2　研究区域与方法

7.2.1　研究区域

在本研究中，秦岭地区研究范围包括陕西省、青海省、甘肃省、四川省、重庆市、湖北省、河南省的部分行政区域，共计 104 个县级行政区域，涉及 22 个地级行政区域，土地总面积为 27.10 万 km²。

7.2.2　研究方法

本研究利用面向统一监管的生态系统碳汇方法体系，开展 2000—2022 年秦岭地区生态系统碳汇评估、碳汇能力巩固提升潜力估算、生态系统碳汇高值区域与退化区域等研究。结合趋势分析、聚类分析等，揭示 2000—2022 年秦岭地区及其省级、地级、县级行政区域生态系统碳汇时空演变特征等。主要研究方法包括面向统一监管的生态系统碳汇评估方法、碳汇能力巩固提升潜力估算、生态系统碳汇保护空间划定方法以及趋势分析、聚类分析等。

7.3　秦岭地区生态系统碳汇时空分析

7.3.1　生态系统碳汇动态变化分析

（1）生态系统碳汇总量变化

2000—2022 年，秦岭地区生态系统碳汇总量的多年平均值为 3 435.59 万 t，生态系统碳汇总量呈波动上升趋势。与 2000 年相比，2022 年秦岭地区生态系统碳汇总量由 2 877.79 万 t 增至 3 738.93 万 t，生态系统碳汇总量变化趋势为 41.55 万 t/a（R^2=0.811 8），增幅达 29.92%，略高于同期全国生态系统碳汇总量增幅（29.07%），其中 2020 年碳汇总量最高（图 7-1）。2000—2022 年，秦岭地区生态系统碳汇总量占全国生态系统碳汇总量的比例总体呈波动上升趋势，由 4.28% 上升至 4.31%，其中 2020 年占比最高为 4.81%。

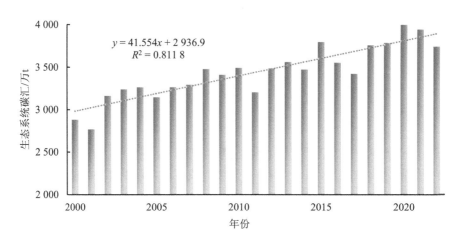

图 7-1 2000—2022 年秦岭地区生态系统碳汇总量变化

（2）生态系统碳汇面积变化

2000—2022 年，秦岭地区生态系统碳汇面积多年平均值为 25.40 万 km²，总体呈上升趋势，由 25.33 万 km² 增至 26.89 万 km²，生态系统碳汇面积变化趋势为 0.067 万 km²/a（R^2=0.435 4），增幅为 6.17%，占土地面积的比例由 93.46%上升至 99.22%（图 7-2）。

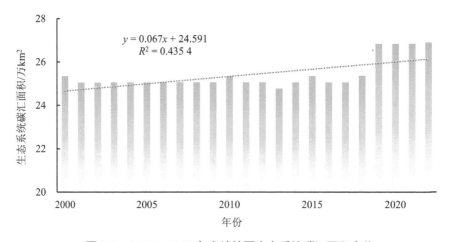

图 7-2 2000—2022 年秦岭地区生态系统碳汇面积变化

（3）单位面积生态系统碳汇变化

从单位面积生态系统碳汇来看，2000—2022 年秦岭地区单位面积生态系统碳汇多年平均值为 135.17 t/km²，高于同期全国单位面积生态系统碳汇平均值（113.01 t/km²）。2000—2022 年秦岭地区单位面积生态系统碳汇总体呈现稳步上升的趋势，由 2000 年的 113.62 t/km² 增至 2022 年的 139.05 t/km²，增幅为 22.38%，单位面积生态系统碳汇变化趋势为 1.270 t/（km²·a）（R^2=0.701 0）。其中，2015 年秦岭地区单位面积生态系统碳汇达到最高，为 149.68 t/km²（图 7-3）。

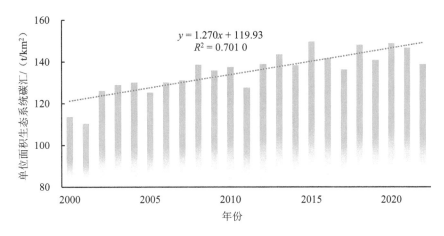

图 7-3　2000—2022 年秦岭地区单位面积生态系统碳汇变化

秦岭作为南北气候的分界线，在我国生态环境保护和生态文明建设中具有特殊的重要地位，秦岭的生态保护对构建国家生态安全屏障，筑牢国家生态安全空间格局具有重要意义。综合来看，2000—2022 年秦岭地区生态系统碳汇总量、生态系统碳汇面积、单位面积生态系统碳汇总体上均呈上升趋势。党的十八大以来，秦岭地区的退耕还林还草、植树造林、封山育林、建立保护区等一系列生态保护与修复活动，扩大了森林、草地等生态系统的面积，提升了植被覆盖率，极大地改善了当地自然生态环境。同时，秦岭地区建立的一系列保护区，如周至、太白山、长青、牛背梁、佛坪、平河梁等保护区，已经形成了保护网络，对改善植被生态质量起到了重要作用。在气候暖湿化背景下，这些生态保护措施加速了生态系统改善和生态系统碳汇提升。

7.3.2　生态系统碳汇地域差异分析

（1）生态系统碳汇总量差异

在秦岭地区各省（市）中，2000—2022 年陕西省生态系统碳汇总量最高，其生态系统碳汇总量的多年平均值为 1 256.78 万 t，占秦岭地区的 36.58%；其次是甘肃省和湖北省，生态系统碳汇总量的多年平均值分别为 583.70 万 t 和 547.97 万 t，分别占秦岭地区的 16.99% 和 15.95%（图 7-4）。

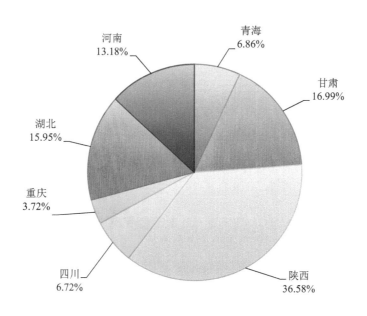

图 7-4   2000—2022 年秦岭地区生态系统碳汇总量构成

从时间变化来看，2000—2022 年秦岭地区各省（市）生态系统碳汇总体呈上升趋势。其中，青海省生态系统碳汇总量的增长率最高，达 52.56%，其次是甘肃省、陕西省和河南省，生态系统碳汇总量的增长率均超过 30%，分别为 37.37%、36.77% 和 33.19%，高于同期全国生态系统碳汇总量增幅（29.07%）；湖北省生态系统碳汇总量的增长率较低，仅有 0.47%。秦岭地区各省（市）生态系统碳汇总量趋势率均为正值，其中陕西省最高，为 19.00 万 t/a。

（2）生态系统碳汇面积差异

在秦岭地区各省（市）中，2000—2022 年陕西省生态系统碳汇面积最大，生态系统碳汇面积的多年平均值为 86 401.47 km²，占土地面积的 92.25%。青海省生态系统碳汇面积占土地面积的比例最高，为 95.78%，其次是湖北省和河南省，生态系统碳汇面积占土地总面积的比例分别为 95.49% 和 94.29%，四川省占比最低，为 91.94%。

从生态系统碳汇面积增长率来看，2000—2022 年各省（市）生态系统碳汇面积均呈波动上升趋势。其中，陕西省生态系统碳汇面积增幅最大，2000—2022 年生态系统碳汇面积增加了 6 932.5 km²，其次是甘肃省和河南省，分别为 2 677 km² 和 1 490.25 km²。从增长率来看，四川省、陕西省、重庆市生态系统碳汇面积增长率最高，增长率分别为 9.38%、8.05% 和 7.68%。

（3）单位面积生态系统碳汇差异

2000—2022 年在秦岭地区各省（市）中，重庆市单位面积生态系统碳汇的多年平均值最高，为 187.12 t/km²；其次是湖北省和四川省，单位面积生态系统碳汇的多年平均值分别为 157.07 t/km² 和 155.25 t/km²；青海省单位面积生态系统碳汇的多年平均值最低，为 70.91 t/km²。除青海省外，所有省（市）均高于全国总体单位面积生态系统碳汇多年平均值（113.01 t/km²）（图 7-5）。

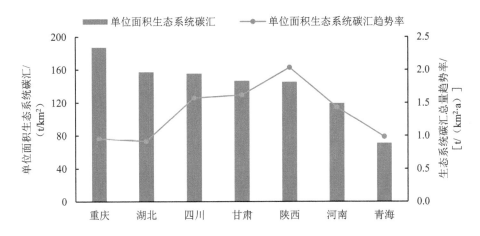

图 7-5   2000—2022 年秦岭地区单位面积生态系统碳汇多年平均值及趋势率

从单位面积生态系统碳汇时间变化来看，秦岭地区各省（市）单位面积生态系统碳汇均呈波动上升趋势。青海省单位面积生态系统碳汇的增幅最高，为 47.08%；其次是甘肃省和河南省，其单位面积生态系统碳汇的增幅分别为 28.68% 和 28.14%；湖北省单位面积生态系统碳汇增幅最低，仅为 1.07%。陕西省单位面积生态系统碳汇趋势率最高，为 2.03 t/（km²·a）。

7.3.3   生态系统碳汇空间聚类分析

以秦岭地区各县级行政区域单位面积生态系统碳汇为分析变量，开展基于 Moran's I 指数的生态系统碳汇空间聚类分析。结果显示，秦岭地区单位面积生态系统碳汇的 Moran's I 指数为 0.652 45，且 z 得分为 11.45，p 值为 0.000 000，说明秦岭地区生态系统碳汇分布在 99.9% 置信度下存在极显著的空间正相关性，生态系统碳汇高值、生态系统碳汇低值的空间聚集特征明显（图 7-6）。

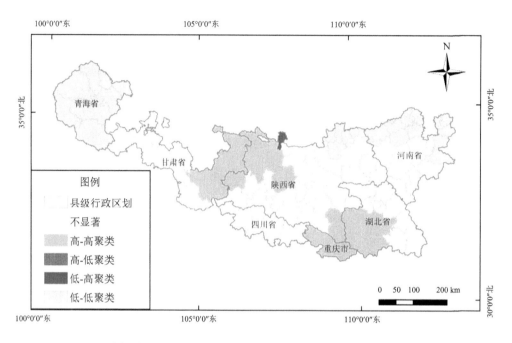

图 7-6 秦岭地区县级行政区域单位面积生态系统碳汇空间聚类分布特征

秦岭地区生态系统碳汇高-高聚集或低-低聚集呈集中分布。从不同空间聚集特征的县级行政区域数量统计来看，秦岭地区单位面积生态系统碳汇高-高聚集的县级行政区域数量为 22 个，占秦岭地区县级行政区域总数的 21.15%，主要位于陕西省、甘肃省、湖北省和重庆市，分别为 10 个、6 个、4 个和 2 个，成为秦岭地区碳汇能力持续巩固提升、支撑全国碳达峰、碳中和的重要区域。秦岭地区生态系统碳汇低-低聚集的县级行政区域数量为 27 个，占秦岭地区县级行政区域总数的 25.96%，主要分布在河南省、青海省、陕西省，数量分别为 13 个、8 个、6 个。

秦岭地区有 1 个县域呈低-高聚集，其碳汇能力相比周边县域较低，受到人类活动等影响。

7.4 秦岭地区生态系统碳汇重点区域分析

7.4.1 生态系统碳汇高值区域

根据 2000—2022 年和秦岭地区生态系统碳汇评估结果和全国生态系统碳汇高值区域划分标准，秦岭地区生态系统碳汇高值斑块共 76.48 万块，生态系统碳汇高值区域面积为 19.12 万 km^2，占秦岭地区土地面积的 70.55%，占秦岭地区生态系统碳汇总面积的

70.78%，远高于全国生态系统碳汇高值区域，占全国生态系统碳汇总面积的比例（40.89%）（图 7-7）。

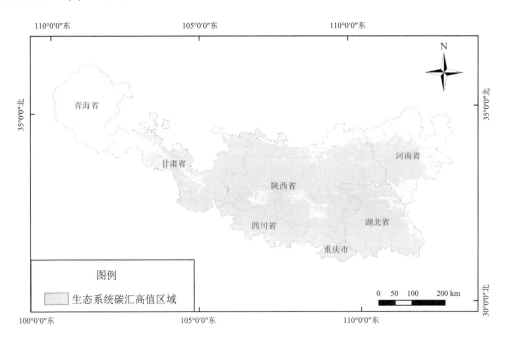

图 7-7　2000—2022 年秦岭地区生态系统碳汇高值区域分布

从生态系统碳汇高值区域分布来看（图 7-8），陕西省生态系统碳汇高值区域面积最大，为 8.31 万 km²，占秦岭地区高值区域总面积的 43.48%；其次是四川省和湖南省，生态系统碳汇高值区域面积分别为 3.40 万 km² 和 3.13 万 km²。从省级行政区域生态系统碳汇高值区域占比来看，除青海省和河南省外，秦岭地区各省（市）生态系统碳汇高值区域面积占生态系统碳汇总面积的比例均超过 50%。其中，重庆市生态系统碳汇高值区域面积占生态系统碳汇总面积的比例最大，为 99.66%，其次是四川省和湖北省。

从地级行政区域来看，秦岭地区生态系统碳汇高值区域面积排名前三的是陕西省汉中市、湖北省十堰市、陕西省安康市，生态系统碳汇高值区域面积分别为 25 533.25 km²、22 292.25 km²、21 403.75 km²。从生态系统碳汇高值区域面积占生态系统碳汇面积比例来看，最高的是四川省广元市和达州市，占比超过 98%，在秦岭地区 22 个地级行政区域中，生态系统碳汇高值区域面积占生态系统碳汇面积比例超过 50% 的地市有 14 个，占生态系统碳汇面积比例超过 90% 的地市有 9 个。

在秦岭地区 104 个县级行政区中，生态系统碳汇高值区域面积占生态系统碳汇面积比例超过 50% 的地市有 74 个，占生态系统碳汇面积比例超过 90% 的地市有 48 个。

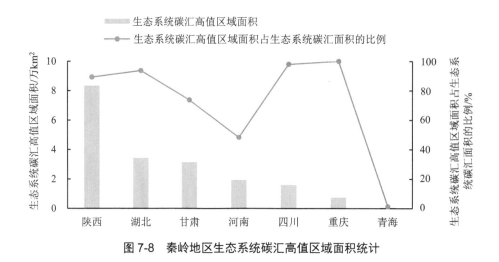

图7-8 秦岭地区生态系统碳汇高值区域面积统计

7.4.2 生态系统碳汇退化区域

根据 2000—2022 年秦岭地区生态系统碳汇评估结果和生态系统碳汇退化区域划分标准，秦岭地区生态系统碳汇退化斑块共计 45.43 万块，生态系统碳汇退化区域面积为 11.36 万 km^2，占秦岭地区土地面积的 41.91%，占秦岭地区生态系统碳汇总面积的 42.05%，高于全国生态系统碳汇退化区域面积占全国生态系统碳汇总面积的比例（28.22%）（图7-9）。

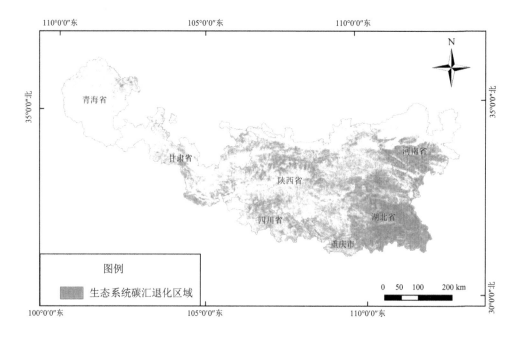

图7-9 2000—2022 年秦岭地区生态系统碳汇退化区域分布

从生态系统碳汇退化区域分布来看（图 7-10），陕西省生态系统碳汇退化区域面积最大，为 3.88 万 km²，占秦岭地区生态系统碳汇退化区域总面积的 34.15%。其次是湖北省和河南省，生态系统碳汇退化区域面积分别为 3.10 万 km² 和 1.54 万 km²。从生态系统碳汇退化区域面积占比来看，生态系统碳汇退化区域面积占生态系统碳汇总面积最大的是湖北省，为 85.27%，其次是重庆市和四川省，退化区域面积分别占生态系统碳汇总面积的 62.71% 和 51.36%。

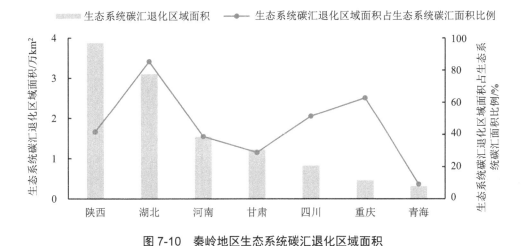

图 7-10　秦岭地区生态系统碳汇退化区域面积

从地级行政区域来看，秦岭地区生态系统碳汇退化区域面积最大的是湖北省十堰市，为 1.93 万 km²；其次是陕西省安康市和汉中市，生态系统碳汇退化区域面积分别为 1.16 万 km² 和 1.06 万 km²。生态系统碳汇退化区域面积占生态系统碳汇总面积比例最大的是湖北省襄阳市，生态系统碳汇退化区域面积占生态系统碳汇总面积的 92.67%。在秦岭地区 21 个地级行政区中，生态系统碳汇退化区域面积占生态系统碳汇面积比例超过 50% 的地市有 5 个，仅有 3 个地市生态系统碳汇退化面积占比低于 10%。

在秦岭地区 104 个县级行政区中，生态系统碳汇退化区域面积占生态系统碳汇面积比例超过 50% 的有 31 个，占生态系统碳汇面积比例超过 90% 的有 4 个，分别为襄阳市谷城县、南漳县、保康县和十堰市房县。

研究表明，由于不合理的人为活动影响和破坏式开发，秦岭区域出现生态环境质量下降、生态系统功能退化、水资源可利用率降低等问题。自然方面，复杂山地地形、垂直气候变化大及地质条件不稳定，导致秦岭地区水土流失、植被恢复难及地质灾害多发。人为方面，过度采伐林木、垦殖开发、采矿活动及工程建设等生产实践活动，破坏了森林植被和野生动植物栖息地，导致生物多样性减少和水土流失加剧。因此，秦岭地区生态系统碳汇退化区域分布广泛,未来亟须开展生态系统治理修复。以全面提升国家生态安全屏障质量、促进生态系统良性循环和永续利用为目标,突出主体功能区划要求,因地制宜,系统谋划矿山地质环境生态修复、秦岭违建别墅拆除生态恢复、地质灾害治理、尾矿库综合利用等重大生态工程,开展生态系统治理,遏制生态系统碳汇退化趋势,保障生态系统平衡和良性循环。

7.5 秦岭地区生态系统碳汇潜力预测

以 2000—2022 年秦岭地区生态系统碳汇评估结果为基础,利用面向统一监管的碳汇能力巩固提升潜力估算方法,对秦岭地区生态系统碳汇潜力进行预测。

7.5.1 秦岭地区生态系统碳汇潜力

秦岭地区生态系统碳汇总量潜力为 4 549.89 万 t,与现状年(2022 年)相比,碳汇能力的巩固提升潜力为 810.96 万 t,碳汇能力的巩固提升率为 21.69%(图 7-11)。

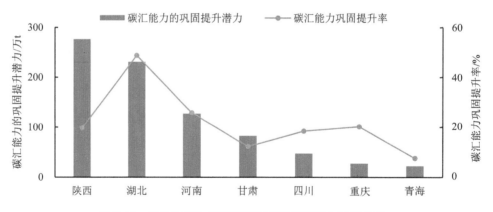

图 7-11 秦岭地区生态系统碳汇巩固提升潜力及提升率

在碳汇能力达到巩固提升潜力的情况下,秦岭地区单位面积生态系统碳汇可达 167.91 t/km²,与现状年(2022 年)相比增加 28.86 t/km²,单位面积生态系统碳汇的提升率为 20.76%。

7.5.2 省域生态系统碳汇潜力

(1)生态系统碳汇总量

与现状年(2022 年)相比,碳汇能力的巩固提升潜力最多的是陕西省,碳汇能力的巩固提升潜力为 275.83 万 t，其次是湖北省，碳汇能力的巩固提升潜力为 230.21 万 t。各省（市）碳汇能力的巩固提升潜力排序为陕西省＞湖北省＞河南省＞甘肃省＞四川省＞重庆市＞青海省。在秦岭地区各省（市）中，碳汇能力的巩固提升率最大的是湖北省，为 48.63%，其次是河南省和重庆市，碳汇能力的巩固提升率分别为 25.67% 和 20.19%（图 7-11）。

（2）单位面积生态系统碳汇

在碳汇能力达到巩固提升潜力的情况下，单位面积生态系统碳汇最高的是重庆市，为 182.62 t/km²；其次是甘肃省，为 160.54 t/km²。

与现状年（2022 年）相比，单位面积生态系统碳汇提升潜力最高的是湖北省，提升潜力为 62.0 t/km²，其次是重庆市，提升潜力为 36.87 t/km²。单位面积生态系统碳汇的提升率最高的是湖北省，提升率为 47.48%，其次是河南省和重庆市，提升率分别为 22.78% 和 20.19%（图 7-12）。

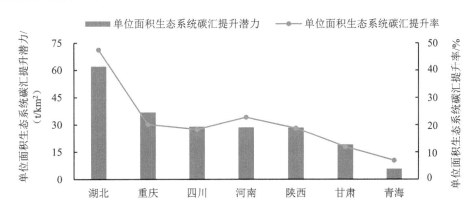

图 7-12　秦岭地区单位面积生态系统碳汇提升潜力及提升率

7.5.3　市域生态系统碳汇潜力

在地级行政区域中，在碳汇能力达到巩固提升潜力的情况下，单位面积生态系统碳汇最高的是陕西省宝鸡市，其次是陇南市，单位面积生态系统碳汇潜力分别为 208.37 t/km² 和 203.20 t/km²。

与现状年（2022 年）相比，在秦岭地区 22 个地级行政区域中，单位面积生态系统碳汇提升潜力最高的是湖北省襄阳市，为 75.49 t/km²。单位面积生态系统碳汇提升率最高的是湖北省襄阳市，为 68.39%；除襄阳外，南阳市、十堰市单位面积生态系统碳汇提升率超过 30%，分别为 42.83% 和 39.89%；16 个地级行政区域单位面积生态系统碳汇提升率为 10%~30%；3 个地级行政区域提升率低于 10%。

第8章

全国及国家重大战略区域生态系统碳汇监管研究

内容摘要

　　本章利用面向统一监管的生态系统碳汇保护空间划定方法、生态系统碳汇保护修复成效评估方法，全国及国家重大战略区域生态系统碳汇保护空间。通过全国生态系统碳汇及其保护空间与国家重点生态功能区、国家级自然保护区的叠加分析，从质量提升和空间管控的角度分析国家重点生态功能区、国家级自然保护区内生态系统碳汇变化情况以及生态系统碳汇保护空间分布情况，评估全国及国家重大战略区域生态系统碳汇保护成效，提出建立实施生态系统碳汇统一监管体系的对策措施及相关建议。

8.1　全国生态系统碳汇保护空间分析

8.1.1　生态系统碳汇保护空间

　　基于以国土斑块为基本空间单元、年度为基本时间单元的长时间序列全国生态系统碳汇"一张图"，利用面向统一监管的生态系统碳汇保护空间划定方法，识别生态系统碳汇的高值区域和退化区域，对全国生态系统碳汇保护空间进行统一划定。结果显示，全国生态系统碳汇保护空间斑块共计 1 436.9 万块，面积为 359.22 万 km²，占全国生态系统碳汇总面积的 48.89%。全国近一半的生态系统碳汇面积处于需要重点保护或修复的状态。

　　（1）生态系统碳汇保护空间面积

　　从生态系统碳汇保护空间面积来看，面积最大的是云南省，生态系统碳汇保护空间面积达到 37.55 万 km²；面积最小的是澳门特别行政区，生态系统碳汇保护空间面积仅为 6.5 km²。生态系统碳汇保护空间面积排名前五的分别是云南省（37.55 万 km²）、四川省（28.55 万 km²）、广西壮族自治区（23.33 万 km²）、内蒙古自治区（21.94 万 km²）和黑龙江省（21.16 万 km²）。

（2）生态系统碳汇保护空间占生态系统碳汇总面积比例

从生态系统碳汇保护空间占生态系统碳汇总面积比例的数据来看（图 8-1），最高的是贵州省（99.75%），最低的是天津市（3.4%）。其中，贵州、广西、福建、海南、云南、台湾、广东、湖南、江西、香港和浙江的生态系统碳汇保护空间占碳汇总面积比例大于90%，是生态系统碳汇监管和生态保护修复的重点对象。

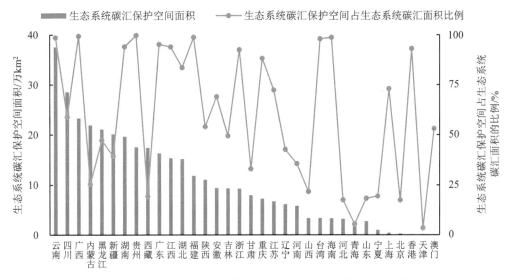

图 8-1　各省级行政区生态系统碳汇保护空间占生态系统碳汇总面积比例

北京市和上海市作为直辖市，其生态系统碳汇保护空间占比分别为 17.33% 和 73.02%。上海市的高比例表明其在城市化进程中仍保有较大面积的高值区域和退化区，需进行重点保护和修复。而北京市的相对较低比例则可能反映了其碳汇高值区域和退化区分布较为零散。一些省级行政区（如广东省、江西省和浙江省）的生态系统碳汇保护空间占比也较高，显示出这些地区在碳汇功能上的显著重要性。此外，内蒙古自治区和西藏自治区的生态系统碳汇保护空间占比分别为 25.34% 和 19.21%，尽管其碳汇总面积较大，但高值区域和退化区所占比例相对较小，这可能与其生态环境的特殊性及气候条件有关。

综上所述，生态系统碳汇保护空间的分布情况反映了各地区生态系统碳汇功能的差异性和重要性。高比例的保护空间意味着该地区的生态系统具有较强的碳汇能力或存在较大的退化风险，需要进行重点保护和修复；而低比例则可能表示该地区的碳汇功能相对稳定或高值区域和退化区域较少。针对不同地区的具体情况，制定相应的保护和修复策略是实现全国碳汇功能最大化的重要途径。

8.1.2　生态系统碳汇保护成效

生态保护红线、自然保护地、国家重点生态功能区等生态功能重要区域是持续巩固提升碳汇能力的重点区域。本研究选择国家重点生态功能区、国家级自然保护区，利用面向统一监管的生态系统碳汇保护修复成效评估方法，评估当前生态环境保护策略对生态系统碳汇的保护成效，识别生态系统碳汇保护空缺。

通过全国生态系统碳汇保护空间与国家重点生态功能区、国家级自然保护区的叠加分析，评估国家重点生态功能区、国家级自然保护区对生态系统碳汇的保护成效。其中，位于重点生态功能区、自然保护区的生态系统碳汇保护空间为已管控生态系统碳汇保护空间，已管控生态系统碳汇保护空间占生态系统碳汇保护空间的比例为生态系统碳汇保护空间管控率。

（1）国家重点生态功能区生态系统碳汇变化

根据《全国主体功能区规划》，2010 年全国共划定 25 个国家重点生态功能区，包括 436 个县级行政区域，总面积为 38.59 万 km²。通过 2000—2022 年全国生态系统碳汇分布与国家重点生态功能区的叠加分析，分析国家重点生态功能区内生态系统碳汇变化情况，评估国家生态功能区对生态系统碳汇的保护成效。

1）生态系统碳汇高值区域

在国家重点生态功能区内，生态系统碳汇高值区域的面积为 96.60 万 km²，占国家重点生态功能区生态系统碳汇总面积的 36.41%，占全国生态系统碳汇高值区域总面积的 33.18%（图 8-2）。

从国家重点生态功能区来看，桂黔滇喀斯特石漠化防治区、南岭山地森林及生物多样性保护区、武陵山区生物多样性与水土保持区、海南岛中部山区热带雨林区、三峡库区水土保持区、秦巴生物多样性保护区 6 个国家重点生态功能区的生态系统碳汇高值区域占其生态系统碳汇总面积的比例分别为 99.90%、99.71%、99.41%、99.16%、98.88%、94.03%，均超过 90%；大别山水土保持生态功能区、长白山森林生态功能区、大小兴安岭森林生态功能区、藏东南高原边缘森林生态功能区 4 个国家重点生态功能区的生态系统碳汇高值区域占其生态系统碳汇总面积的比例超过 65%。

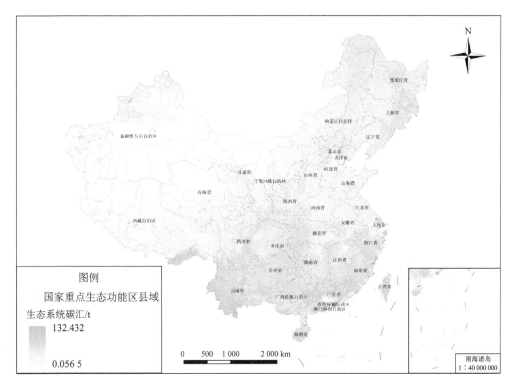

图 8-2　全国生态系统碳汇多年平均值与国家重点生态功能区的叠加图

可以看出，国家重点生态功能区是我国生态系统碳汇分布的重要区域，生态系统碳汇高值区域占生态系统碳汇总面积的比例较高，特别是上述 11 个国家重点生态功能区。因此，国家重点生态功能区在我国生态系统碳汇保护修复、碳汇能力持续巩固提升等方面占据重要地位，可以在全国碳达峰、碳中和中发挥重要作用。

2）生态系统碳汇质量提升

与 2010 年相比，2022 年国家重点生态功能区的生态系统碳汇总量由 2.25 亿 t/a 增至 2.56 亿 t/a，单位面积生态系统碳汇由 95.93 t/km² 增至 105.20 t/km²。

在生态系统碳汇总量方面，25 个重点生态功能区中，除三峡库区水土保持生态功能区外，其他所有生态功能区 2022 年生态系统碳汇总量相较 2010 年水平均有所增长。生态系统碳汇总量增长率最高的是科尔沁草原生态功能区，由 575.94 万 t/a 增至 926.39 万 t/a，增长率为 60.8%；其次是黄土高原丘陵沟壑水土保持生态功能区，由 692.28 万 t/a 增至 1 014.49 万 t/a，增长率为 46.5%。增长率排名前五的生态功能区是科尔沁草原生态功能区（60.8%）、黄土高原丘陵沟壑水土保持生态功能区（46.5%）、浑善达克沙漠化防治生态功能区（38.7%）、呼伦贝尔草原草甸生态功能区（37.2%）和阴山北麓草原生态功能区

（33.9%）（表 8-1）。

表 8-1　2010—2022 年国家重点生态功能区生态系统碳汇变化情况

重点生态功能区	2010—2022 年生态系统碳汇总量增长率/%	2010—2022 年单位面积生态系统碳汇增长率/%
三峡库区水土保持生态功能区	−1.0	−7.0
三江平原湿地生态功能区	16.2	13.0
三江源草原草甸湿地生态功能区	20.6	18.2
南岭山地森林及生物多样性生态功能区	2.1	−2.3
呼伦贝尔草原草甸生态功能区	37.2	35.1
塔里木河荒漠化防治生态功能区	7.6	5.6
大别山水土保持生态功能区	4.5	−2.1
大小兴安岭森林生态功能区	7.9	4.0
川滇森林及生物多样性生态功能区	13.7	8.1
桂黔滇喀斯特石漠化防治生态功能区	16.7	9.3
武陵山区生物多样性与水土保持生态功能区	9.2	2.3
浑善达克沙漠化防治生态功能区	38.7	35.5
海南岛中部山区热带雨林生态功能区	4.4	1.6
甘南黄河重要水源补给生态功能区	21.4	14.8
祁连山冰川与水源涵养生态功能区	21.1	16.8
科尔沁草原生态功能区	60.8	52.7
秦巴生物多样性生态功能区	4.7	−2.2
若尔盖草原湿地生态功能区	21.6	16.2
藏东南高原边缘森林生态功能区	1.7	−1.8
藏西北羌塘高原荒漠生态功能区	29.6	27.3
长白山森林生态功能区	13.7	10.8
阴山北麓草原生态功能区	33.9	31.1
阿尔泰山地森林草原生态功能区	16.4	13.5
阿尔金草原荒漠化防治生态功能区	22.9	21.0
黄土高原丘陵沟壑水土保持生态功能区	46.5	36.1

在单位面积生态系统碳汇方面，增长率最高的是科尔沁草原生态功能区，由 55.05 t/km² 增至 84.08 t/km²，增长率为 52.7%。其次是黄土高原丘陵沟壑水土保持生态功

能区，由 67.60 t/km^2 增至 92.03 t/km^2，增长率为 36.1%。增长率排名前五的生态功能区是科尔沁草原生态功能区（52.7%）、黄土高原丘陵沟壑水土保持生态功能区（36.1%）、浑善达克沙漠化防治生态功能区（35.5%）、呼伦贝尔草原草甸生态功能区（35.1%）和阴山北麓草原生态功能区（31.1%）。其中，有 5 个重点生态功能区 2022 年单位面积生态系统碳汇相较 2010 年有所减少，分别是三峡库区水土保持生态功能区（−7.0%）、南岭山地森林及生物多样性生态功能区（−2.3%）、秦巴生物多样性生态功能区（−2.2%）、大别山水土保持生态功能区（−2.1%）和藏东南高原边缘森林生态功能区（−1.8%）（表 8-1）。

根据《全国主体功能区规划》，国家重点生态功能区属于限制开发区域，以提供生态产品为主体功能，即生态系统脆弱或生态功能重要，资源环境承载力较低，不具备大规模高强度工业化、城镇化开发的条件，必须将增强生态产品生产能力作为首要任务，限制进行大规模高强度工业化、城镇化开发的地区。同时，我国实施国家重点生态功能区转移支付政策，支持国家重点生态功能区县域加强生态环境保护。自 2012 年起，环境保护部（现生态环境部）联合财政部开展国家重点生态功能区县域生态环境质量监测与评价工作，并依据评价结果对县域转移支付资金进行奖励和扣减。

通过限制大规模高强度工业化、城镇化开发，以及转移支付、监测评价等政策的实施，重点生态功能区生态保护修复取得显著成效，生态系统质量与稳定性不断提升，生态系统碳汇随之增加，生态系统碳汇高值区域不断扩大（表 8-2）。未来在研究和实践中，需要进一步加强对这些区域的生态系统碳汇动态变化的监测和评估，深入探讨其背后的驱动因素和机制。同时，应根据不同区域的具体情况，制定有针对性的生态保护和恢复措施，提升其生态系统碳汇能力。此外，还应加强科技创新和国际合作，借鉴国内外的先进经验和技术，提升我国生态系统碳汇保护的科学水平和管理效能。

表 8-2 国家重点生态功能区生态系统碳汇多年平均值

重点生态功能区	生态系统碳汇总量/万 t	生态系统碳汇面积/万 km^2	单位面积生态系统碳汇/（t/km^2）	生态系统碳汇高值区域占比/%	生态系统碳汇退化区域占比/%
三峡库区水土保持生态功能区	499.41	2.78	179.80	98.88	71.36
三江平原湿地生态功能区	457.46	4.62	99.12	19.33	15.49
三江源草原草甸湿地生态功能区	1 087.34	33.81	32.16	0.01	2.93
南岭山地森林及生物多样性生态功能区	1 348.37	6.18	218.10	99.71	64.95

重点生态功能区	生态系统碳汇总量/万 t	生态系统碳汇面积/万 km²	单位面积生态系统碳汇/（t/km²）	生态系统碳汇高值区域占比/%	生态系统碳汇退化区域占比/%
呼伦贝尔草原草甸生态功能区	242.22	4.28	56.66	1.83	3.43
塔里木河荒漠化防治生态功能区	173.46	6.75	25.68	0.02	21.42
大别山水土保持生态功能区	450.93	3.11	145.12	85.91	50.99
大小兴安岭森林生态功能区	4 390.48	36.43	120.52	66.80	34.09
川滇森林及生物多样性生态功能区	3 660.98	27.85	131.45	47.05	31.98
桂黔滇喀斯特石漠化防治生态功能区	1 833.33	7.60	241.14	73.29	40.32
武陵山区生物多样性与水土保持生态功能区	1 239.02	6.56	188.85	99.90	36.16
浑善达克沙漠化防治生态功能区	852.37	16.23	52.52	99.41	53.63
海南岛中部山区热带雨林生态功能区	151.27	0.53	283.98	6.40	17.64
甘南黄河重要水源补给生态功能区	312.14	3.30	94.60	99.16	60.31
祁连山冰川与水源涵养生态功能区	494.42	10.79	45.83	15.82	12.97
科尔沁草原生态功能区	670.07	11.08	60.47	1.58	12.89
秦巴生物多样性生态功能区	2 263.39	14.16	159.79	1.13	2.34
若尔盖草原湿地生态功能区	260.34	2.87	90.64	94.03	54.04
藏东南高原边缘森林生态功能区	1 515.24	8.46	179.11	6.02	6.93
藏西北羌塘高原荒漠生态功能区	230.41	17.90	12.87	65.13	49.03
长白山森林生态功能区	1 707.33	10.83	157.65	0	8.80

重点生态功能区	生态系统碳汇总量/万 t	生态系统碳汇面积/万 km²	单位面积生态系统碳汇/（t/km²）	生态系统碳汇高值区域占比/%	生态系统碳汇退化区域占比/%
阴山北麓草原生态功能区	201.86	6.48	31.17	82.98	51.36
阿尔泰山地森林草原生态功能区	349.66	8.73	40.06	0.04	38.20
阿尔金草原荒漠化防治生态功能区	15.41	1.36	11.33	1.72	31.49
黄土高原丘陵沟壑水土保持生态功能区	770.56	11.04	69.81	0	6.75

（2）国家级自然保护区生态系统碳汇变化

选择 2018 年前建立的 463 个国家级自然保护区，通过 2000—2022 年全国生态系统碳汇多年平均值与国家级自然保护区的叠加分析，分析国家级自然保护区生态系统碳汇变化情况，评估国家级自然保护区生态系统碳汇保护成效（图 8-3）。

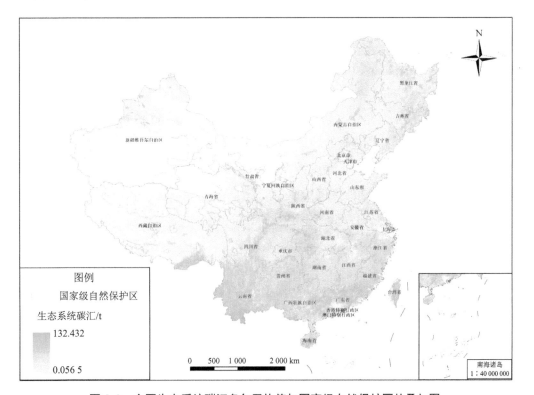

图 8-3　全国生态系统碳汇多年平均值与国家级自然保护区的叠加图

1）生态系统碳汇高值区域

在国家级自然保护区中，生态系统碳汇高值区域面积达到 10.24 万 km²，占国家级自然保护区生态系统碳汇总面积的 16.22%，占全国生态系统碳汇高值区域总面积的 3.37%。

从自然保护区类型来看，野生植物类型、森林生态系统类型国家级自然保护区生态系统碳汇高值区域面积分别占其生态系统碳汇总面积的 47.73% 和 44.77%，均高于同期全国生态系统碳汇高值区域面积占全国生态系统碳汇总面积的比例（40.89%）；对应的生态系统碳汇量分别占其生态系统碳汇总量的 79.10% 和 85.12%，也高于同期全国生态系统碳汇高值区域碳汇量占全国生态系统碳汇总量的比例（71.16%）。

可以看出，国家级自然保护区在生态系统碳汇保护中发挥了重要作用，特别是森林生态系统类型、野生植物类型国家级自然保护区，其生态系统碳汇高值区域的比例和对应的生态系统碳汇量均显著高于全国平均水平。究其原因主要有两点：第一，国家级自然保护区属于国家禁止开发区域，即有代表性的自然生态系统、珍稀濒危野生动植物物种的天然集中分布地、有特殊价值的自然遗迹所在地和文化遗址等，需要在国土空间开发中禁止进行工业化、城镇化开发，减少和规避了人类活动对生态系统及其碳汇能力的不利影响；第二，森林生态系统类型、野生植物类型国家级自然保护区通常拥有较高的生物多样性，森林、草地资源较为丰富，绿色植物光合作用、生态系统碳汇能力相对较强。

2）生态系统碳汇质量提升

与 2010 年相比，2022 年国家级自然保护区的生态系统碳汇总量由 3 446.31 万 t/a 增至 3 911.38 万 t/a，单位面积生态系统碳汇由 59.83 t/km² 增至 66.13 t/km²。

各类自然保护区生态系统碳汇均呈增加趋势。与 2010 年相比，2022 年全国海洋和海岸生态系统类型、草原草甸生态系统类、荒漠生态系统类国家级自然保护区的生态系统碳汇总量分别增加 40.9%、32.8% 和 29.9%，单位面积生态系统碳汇分别增加 24.2%、30.8% 和 27.5%。其中，海洋和海岸生态系统类型国家级自然保护区的生态系统碳汇总量增加最为显著，增幅为 40.9%，远超同期全国生态系统碳汇总量的增幅；草原草甸生态系统类型国家级自然保护区的单位面积生态系统碳汇增幅最为显著，增幅为 30.8%（表 8-3）。

上述数据表明，不同类型自然保护区的生态系统碳汇变化具有显著差异。海洋和海岸生态系统类型、草原草甸生态系统类、荒漠生态系统类国家级自然保护区生态系统碳汇增加较为显著，可能与近年来荒漠化防治、生态恢复工程的实施有关，这些措施有效地提高了植被覆盖率、生态系统碳汇能力。野生植物类型国家级自然保护区生态系统碳汇总量增幅最小，仅为 4.8%，这可能与野生植物类型生态系统固碳能力相对较低有关。

表 8-3　2010—2022 年国家级自然保护区生态系统碳汇变化情况

自然保护区类型	2010—2022 年生态系统碳汇总量增长率/%	2010—2022 年单位面积生态系统碳汇增长率/%
内陆湿地和水域生态系统类型	20.7	17.7
森林生态系统类型	6.6	3.1
海洋和海岸生态系统类型	40.9	24.2
自然遗迹类	17.3	12.6
草原草甸生态系统类型	32.8	30.8
荒漠生态系统类型	29.9	27.5
野生动物类型	16.1	12.8
野生植物类型	4.8	3.2

综上所述，国家级自然保护区作为国家禁止开发区域，在生态系统碳汇保护恢复中发挥了重要作用，不同类型自然保护区生态系统碳汇变化表现出显著差异（表 8-4）。未来研究应进一步探讨不同类型自然保护区的生态系统碳汇机制及其影响因素，制定针对性强的生态保护和管理措施，以最大化提升生态系统碳汇功能。同时，政策制定者应关注各类自然保护区的差异化管理，针对碳汇增幅较小的区域，采取更加有效的保护和恢复措施，提升整体生态系统碳汇能力。

表 8-4　国家级自然保护区生态系统碳汇保护成效评估结果

自然保护区类型	生态系统碳汇总量/万 t	生态系统碳汇面积/万 km²	单位面积生态系统碳汇/（t/km²）	生态系统碳汇高值区域占比/%	生态系统碳汇退化区域占比/%
内陆湿地和水域生态系统类型	849.61	19.24	44.17	5.13	6.46
森林生态系统类型	1 484.43	13.74	108.01	44.77	39.02
海洋和海岸生态系统类型	10.09	0.12	86.28	17.40	19.03
自然遗迹类	33.15	0.33	99.40	33.17	20.29
草原草甸生态系统类型	46.78	0.81	58.03	1.09	8.52
荒漠生态系统类型	141.77	15.57	9.11	0	2.52
野生动物类型	790.57	11.93	66.27	21.14	16.58
野生植物类型	70.83	0.67	105.88	47.73	33.90

（3）生态系统碳汇保护空间管控

利用面向统一监管的生态系统碳汇保护修复成效评估方法，通过生态系统碳汇保护空间与国家重点生态功能区、国家级自然保护区的叠加分析，计算生态系统碳汇保护空间管控率，从空间管控角度评估全国生态系统碳汇保护成效。结果表明，全国已管控生态系统碳汇保护空间面积为 164.85 万 km^2，全国生态系统碳汇保护空间管控率为 45.89%。

从省级行政区来看，全国各省级行政区生态系统碳汇保护空间管控情况存在显著差异（图 8-4、表 8-5）。其中，黑龙江省生态系统碳汇保护空间管控率最高，达到 86.20%；其次是内蒙古自治区，其生态系统碳汇保护空间管控率为 85.90%；河北、西藏、吉林、陕西、甘肃、湖北、青海、四川 8 省（区）生态系统碳汇保护空间管控率高于 50%。在上述省（区）中，大部分生态系统碳汇保护空间已经纳入国家重点生态功能区、国家级自然保护区管控范围，实现对生态系统碳汇保护空间的有效保护。此外，湖南省、重庆市、宁夏回族自治区 3 省（区、市）生态系统碳汇保护空间管控率也超过全国平均水平。

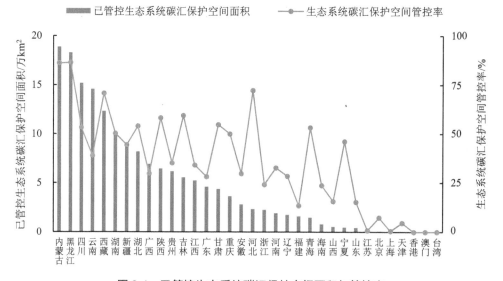

图 8-4　已管控生态系统碳汇保护空间面积与管控率

表 8-5　各省级行政区生态系统碳汇保护空间管控情况

省级行政区	生态系统碳汇保护空间面积/km²	生态系统碳汇保护空间占碳汇总面积比例/%	已管控生态系统碳汇保护空间面积/km²	生态系统碳汇保护空间管控率/%
北京市	2 629.75	17.33	189.75	7.22
天津市	349.75	3.40	16.00	4.57

省级行政区	生态系统碳汇保护空间面积/km²	生态系统碳汇保护空间占碳汇总面积比例/%	已管控生态系统碳汇保护空间面积/km²	生态系统碳汇保护空间管控率/%
河北省	32 020.50	17.42	23 067.75	72.04
山西省	33 612.25	21.65	5 232.00	15.57
内蒙古自治区	219 356.00	25.34	188 419.00	85.90
辽宁省	61 071.75	42.62	17 243.00	28.23
吉林省	93 400.75	49.43	55 246.50	59.15
黑龙江省	211 640.75	47.24	182 442.75	86.20
上海市	4 100.50	73.02	17.00	0.41
江苏省	66 780.75	72.34	492.50	0.74
浙江省	92 694.75	92.55	22 288.50	24.05
安徽省	93 995.50	69.08	27 801.75	29.58
福建省	118 294.00	98.76	15 714.50	13.28
江西省	153 281.00	93.99	52 007.75	33.93
山东省	27 206.50	18.20	4 119.75	15.14
河南省	58 027.00	35.59	18 881.00	32.54
湖北省	151 847.25	83.54	81 691.75	53.80
湖南省	196 579.00	94.05	98 357.25	50.03
广东省	163 177.25	95.26	45 668.25	27.99
广西壮族自治区	233 310.75	99.34	68 977.25	29.56
海南省	33 108.75	98.68	7 811.75	23.59
重庆市	72 318.25	88.25	36 018.75	49.81
四川省	285 480.75	58.93	151 514.75	53.07
贵州省	175 263.00	99.75	61 404.25	35.04
云南省	375 532.25	98.54	145 417.00	38.72
西藏自治区	174 155.50	19.21	122 866.50	70.55
陕西省	110 672.75	54.01	64 149.25	57.96
甘肃省	79 606.75	32.99	43 415.75	54.54
青海省	27 226.25	5.41	14 452.5	53.08
宁夏回族自治区	9 948.50	19.35	4 582.25	46.06
新疆维吾尔自治区	201 164	39.28	88 950.50	44.22
香港特别行政区	846.00	93.12	0	0

省级行政区	生态系统碳汇保护空间面积/km²	生态系统碳汇保护空间占碳汇总面积比例/%	已管控生态系统碳汇保护空间面积/km²	生态系统碳汇保护空间管控率/%
澳门特别行政区	6.50	53.06	0	0
台湾地区	33 536.75	98.03	0	0
全国	3 592 241.75	48.89	1 648 457.25	45.89

从区域分布来看，西部地区（如西藏自治区、青海省、甘肃省等地）生态系统碳汇保护空间管控率较高，这可能与这些地区的自然生态环境较为脆弱，生态保护力度较大有关。中部、东部地区生态系统碳汇保护空间管控率情况则较为不均衡。例如，湖南省、湖北省生态系统碳汇保护空间管控率分别为50.03%和53.80%，显示较好的保护成效；而江苏省和福建省生态系统碳汇保护空间管控率则相对较低，分别为0.74%和13.28%。

综上所述，全国生态系统碳汇保护空间管控率为45.89%，接近一半的生态系统碳汇保护空间已经纳入国家重点生态功能区、国家级自然保护区的管控范围。这表明我国在生态系统碳汇保护方面已经取得显著成效，但是仍有较大的提升空间。特别是对于生态系统碳汇保护空间管控率较低的省级行政区，应进一步加大政策执行和生态保护力度，以提升全国整体的生态系统碳汇保护水平。在未来的生态系统碳汇保护中，应重点关注生态系统碳汇保护空间管控率较低的地区，研究其生态系统碳汇特征和现有政策执行的瓶颈，制定针对性的保护和修复措施。同时，对于已经取得显著成效的地区，应继续保持和巩固现有成果，探索更加科学和高效的生态系统碳汇保护方法。

8.2　国家重大战略区域生态系统碳汇保护空间分析

生态保护红线、自然保护地、国家重点生态功能区等生态功能重要区域是持续巩固提升碳汇能力的重点区域。根据以斑块为基本单元的全国生态系统碳汇时间序列，评估生态功能重要区域生态系统碳汇保护成效，识别生态系统碳汇保护空缺。

根据《全国主体功能区规划》，2010年全国共划定25个国家重点生态功能区，包括436个县级行政区域，2016年新增240个国家重点生态功能区县级行政区域，共676个，由于行政区划调整，实际县级行政区域为665个。本研究选择国家重点生态功能区和2018年前建立的463个国家级自然保护区，评估国家重点生态功能区及自然保护区生态系统碳汇保护成效。

8.2.1　京津冀地区

（1）已划定的保护区域

京津冀地区位于国家重点生态功能区的县级行政区域共计 29 个，其面积占京津冀地区土地总面积的 37.97%，主要涉及浑善达克沙漠化防治生态功能区。截至 2018 年，京津冀地区共有国家级自然保护区有 19 个，其中北京市、天津市、河北省国家级自然保护区数量分别为 3 个、3 个、13 个，面积共计 3 124.77 km²，占京津冀地区土地总面积的 1.44%（表 8-6）。

表 8-6　京津冀地区国家级自然保护区名录（截至 2018 年）

编号	省级行政区域	国家级自然保护区
1	北京市	北京松山国家级自然保护区、北京百花山国家级自然保护区、北京松山国家级自然保护区
2	天津市	天津古海岸与湿地国家级自然保护区、中上元古界国家级自然保护区、天津八仙山国家级自然保护区
3	河北省	河北昌黎黄金海岸国家级自然保护区、河北小五台山国家级自然保护区、河北泥河湾国家级自然保护区、河北大海坨国家级自然保护区、河北雾灵山国家级自然保护区、河北围场红松洼国家级自然保护区、河北衡水湖国家级自然保护区、河北柳江盆地地质遗迹国家级自然保护区、河北塞罕坝国家级自然保护区、河北茅荆坝国家级自然保护区、河北滦河上游国家级自然保护区、河北驼梁国家级自然保护区、青崖寨国家级自然保护区

根据国家重点生态功能区和国家级自然保护区的建设情况，京津冀地区已划定的保护区域面积共计 8.38 万 km²，占京津冀地区土地总面积的 38.73%。其中，北京市、天津市、河北省已划定的保护区域占其土地总面积的比例分别为 2.18%、3.50%、44.17%。

（2）生态系统碳汇保护空间

利用面向统一监管的生态系统碳汇保护空间划定方法，确定京津冀地区生态系统碳汇保护空间。

结果表明，京津冀地区生态系统碳汇保护空间斑块共计 14 万块，生态系统碳汇保护空间面积为 3.50 万 km²，占京津冀地区生态系统碳汇总面积的 16.72%。其中，北京市、天津市、河北省生态系统碳汇保护空间斑块分别为 10 519 块、1 399 块、12.81 万块，生态系统碳汇保护空间面积分别为 2 629.75 km²、349.75 km²、32 020.5 km²，河北省生态系统碳汇保护空间面积最大。北京市、天津市、河北省生态系统碳汇保护空间分别占各省

（市）生态系统碳汇总面积的 17.33%、3.40%、17.42%，河北省生态系统碳汇保护空间占生态系统碳汇总面积的比例最大，北京市次之，天津市最小。

从地级行政区域来看，京津冀地区生态系统碳汇保护空间面积最大的是河北省承德市，生态系统碳汇保护空间面积为 16 967.75 km²，其次是河北省张家口市，生态系统碳汇保护空间面积为 5 059 km²。生态系统碳汇保护空间占生态系统碳汇总面积比例最大的地市为河北省承德市和秦皇岛市，生态系统碳汇保护空间占生态系统碳汇总面积的比例分别为 43.03% 和 28.42%，高于京津冀地区高值区域占比平均值，是生态系统碳汇监管和生态保护修复的重点对象。

（3）生态系统碳汇保护成效

通过京津冀地区生态系统碳汇保护空间与国家重点生态功能区、国家级自然保护区的叠加分析，将各行政区域生态系统碳汇保护空间位于重点生态功能区和自然保护区的部分认定为已管控的生态系统碳汇保护空间。其中，已管控生态系统碳汇保护空间占行政区域生态系统碳汇保护空间的比例为生态系统碳汇保护空间管控率。

京津冀地区已管控的生态系统碳汇保护空间面积为 2.33 万 km²，生态系统碳汇保护空间管控率为 66.50%。其中，北京市、天津市、河北省已管控的生态系统碳汇保护空间面积分别为 189.75 km²、16 km²、23 067.75 km²，生态系统碳汇保护空间管控率分别为 7.22%、4.57%、72.04%（图 8-5）。

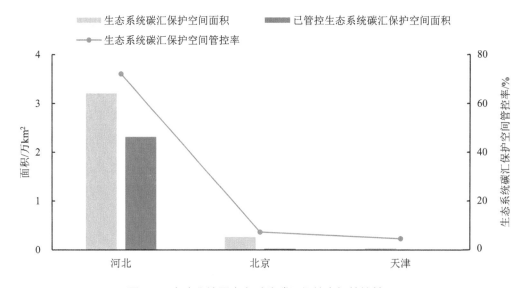

图 8-5　京津冀地区生态系统碳汇保护空间管控情况

从地级行政区域来看，在京津冀地区 11 个地级市中，河北省张家口市生态系统碳汇保护空间的管控率最高，为 98.32%，其次是保定市和承德市，分别为 76.39% 和 73.51%。衡水市、唐山市、石家庄市、张家口市、沧州市、廊坊市、石家庄市 7 个市生态系统碳汇保护空间管控率均低于 10%。

从县级行政区域来看，京津冀地区 199 个县级行政区域中，有 29 个县位于国家重点生态功能区，生态系统碳汇保护空间管控率为 100%，其他县（区）中 159 个生态系统碳汇保护空间管控率低于 50%，151 个生态系统碳汇保护空间管控率低于 10%。生态系统碳汇保护空间管控率低，说明这些区域的生态系统碳汇监管和生态保护修复重点对象目前尚未能得到充分的生态保护修复措施，这些区域往往面临着生态系统碳汇退化的风险，亟须填补生态保护修复空白，是未来生态系统碳汇监管和生态保护修复的重点对象。

8.2.2 长江经济带

（1）已划定的保护区域

长江经济带位于国家重点生态功能区的县级行政区域共计 203 个，面积为 82.65 万 km²，占长江经济带土地总面积的 40.38%，主要涉及桂黔滇喀斯特石漠化防治生态功能区、大别山水土保持生态功能区、南岭山地森林及生物多样性生态功能区、秦巴生物多样性生态功能区、若尔盖草原湿地生态功能区、三峡库区水土保持生态功能区、武陵山区生物多样性与水土保持生态功能区等重点生态功能区。截至 2018 年，长江经济带共有国家级自然保护区有 156 个，其中四川省最多，有 32 个（表 8-7）。长江经济带国家级自然保护区总面积为 6.86 万 km²，占长江经济带土地总面积的 3.35%。

根据国家重点生态功能区和国家级自然保护区的建设情况，长江经济带已划定的保护区域面积共计 84.37 万 km²，占长江经济带土地总面积的 41.22%。

表 8-7　长江经济带国家级自然保护区名录（截至 2018 年）

编号	省级行政区域	国家级自然保护区
1	上海市	上海九段沙湿地国家级自然保护区、上海崇明东滩鸟类国家级自然保护区
2	江苏省	江苏盐城湿地珍禽国家级自然保护区、江苏大丰麋鹿国家级自然保护区、江苏泗洪洪泽湖湿地国家级自然保护区
3	浙江省	浙江清凉峰国家级自然保护区、浙江天目山国家级自然保护区、浙江南麂列岛海洋国家级自然保护区、浙江乌岩岭国家级自然保护区、浙江大盘山国家级自然保护区、浙江古田山国家级自然保护区、浙江凤阳山-百山祖国家级自然保护区、浙江九龙山国家级自然保护区、浙江长兴地质遗迹国家级自然保护区、浙江象山韭山列岛海洋生态国家级自然保护区、浙江安吉小鲵国家级自然保护区

编号	省级行政区域	国家级自然保护区
4	安徽省	安徽鹞落坪国家级自然保护区、安徽清凉峰国家级自然保护区、安徽古牛绛国家级自然保护区、安徽扬子鳄国家级自然保护区、安徽金寨天马国家级自然保护区、安徽升金湖国家级自然保护区、安徽铜陵淡水豚国家级自然保护区、古井园国家级自然保护区
5	重庆市	重庆缙云山国家级自然保护区、重庆大巴山国家级自然保护区、长江上游珍稀特有鱼类国家级自然保护区、重庆金佛山国家级自然保护区、重庆阴条岭国家级自然保护区、重庆五里坡国家级自然保护区、重庆雪宝山国家级自然保护区
6	四川省	四川龙溪-虹口国家级自然保护区、四川白水河国家级自然保护区、四川攀枝花苏铁国家级自然保护区、四川画稿溪国家级自然保护区、四川王朗国家级自然保护区、四川广元唐家河国家级自然保护区、四川马边大风顶国家级自然保护区、四川长宁竹海国家级自然保护区、四川蜂桶寨国家级自然保护区、四川卧龙国家级自然保护区、四川九寨沟国家级自然保护区、四川小金四姑娘山国家级自然保护区、四川若尔盖湿地国家级自然保护区、四川贡嘎山国家级自然保护区、四川察青松多白唇鹿国家级自然保护区、四川亚丁国家级自然保护区、四川美姑大风顶国家级自然保护区、长江上游珍稀特有鱼类国家级自然保护区、四川广元米仓山国家级自然保护区、四川雪宝顶国家级自然保护区、四川花萼山国家级自然保护区、四川海子山国家级自然保护区、四川长沙贡玛国家级自然保护区、四川老君山国家级自然保护区、诺水河珍稀水生动物国家级自然保护区、四川黑竹沟国家级自然保护区、格西沟国家级自然保护区、四川小寨子沟国家级自然保护区、千佛山国家级自然保护区、四川栗子坪国家级自然保护区、四川白河国家级自然保护区、南莫且湿地国家级自然保护区
7	云南省	云南轿子山国家级自然保护区、云南元江国家级自然保护区、云南哀牢山国家级自然保护区、云南高黎贡山国家级自然保护区、云南大山包黑颈鹤国家级自然保护区、云南大围山国家级自然保护区、云南金平分水岭国家级自然保护区、云南黄连山国家级自然保护区、云南文山国家级自然保护区、云南无量山国家级自然保护区、云南西双版纳国家级自然保护区、云南西双版纳纳版河流域国家级自然保护区、云南苍山洱海国家级自然保护区、云南白马雪山国家级自然保护区、云南南滚河国家级自然保护区、长江上游珍稀特有鱼类国家级自然保护区、云南药山国家级自然保护区、云南会泽黑颈鹤国家级自然保护区、云南永德大雪山国家级自然保护区、乌蒙山国家级自然保护区、云南云龙天池国家级自然保护区
8	江西省	江西鄱阳湖南矶湿地国家级自然保护区、江西桃红岭梅花鹿国家级自然保护区、江西九连山国家级自然保护区、江西武夷山国家级自然保护区、江西井冈山国家级自然保护区、江西官山国家级自然保护区、江西马头山国家级自然保护区、江西鄱阳湖国家级自然保护区、江西九岭山国家级自然保护区、江西齐云山国家级自然保护区、江西阳际峰国家级自然保护区、江西赣江源国家级自然保护区、江西庐山国家级自然保护区、铜钹山国家级自然保护区、婺源森林鸟类国家级自然保护区、江西南风面国家级自然保护区

编号	省级行政区域	国家级自然保护区
9	湖北省	湖北青龙山恐龙蛋化石群国家级自然保护区、湖北神农架国家级自然保护区、湖北五峰后河国家级自然保护区、湖北石首麋鹿国家级自然保护区、湖北长江天鹅洲白鱀豚国家级自然保护区、湖北长江新螺段白鱀豚国家级自然保护区、湖北星斗山国家级自然保护区、湖北九宫山国家级自然保护区、湖北七姊妹山国家级自然保护区、湖北洪湖湿地国家级自然保护区、湖北龙感湖国家级自然保护区、湖北赛武当国家级自然保护区、湖北木林子国家级自然保护区、湖北堵河源国家级自然保护区、湖北十八里长峡国家级自然保护区、湖北洪湖国家级自然保护区、湖北南河国家级自然保护区、湖北大别山国家级自然保护区、湖北巴东金丝猴国家级自然保护区、湖北长阳崩尖子国家级自然保护区、湖北大老岭国家级自然保护区、湖北五道峡国家级自然保护区
10	湖南省	湖南炎陵桃源洞国家级自然保护区、湖南东洞庭湖国家级自然保护区、湖南壶瓶山国家级自然保护区、湖南张家界大鲵国家级自然保护区、湖南八大公山国家级自然保护区、湖南莽山国家级自然保护区、湖南永州都庞岭国家级自然保护区、湖南小溪国家级自然保护区、湖南黄桑国家级自然保护区、湖南乌云界国家级自然保护区、湖南鹰嘴界国家级自然保护区、湖南南岳衡山国家级自然保护区、湖南借母溪国家级自然保护区、湖南八面山国家级自然保护区、湖南阳明山国家级自然保护区、湖南六步溪国家级自然保护区、湖南舜皇山国家级自然保护区、湖南高望界国家级自然保护区、湖南东安舜皇山国家级自然保护区、湖南白云山国家级自然保护区、湖南西洞庭湖国家级自然保护区、九嶷山国家级自然保护区、金童山国家级自然保护区
11	贵州省	贵州习水中亚热带常绿阔叶林国家级自然保护区、贵州赤水桫椤国家级自然保护区、贵州梵净山国家级自然保护区、贵州麻阳河国家级自然保护区、长江上游珍稀特有鱼类国家级自然保护区、贵州草海国家级自然保护区、贵州雷公山国家级自然保护区、贵州茂兰国家级自然保护区、贵州宽阔水国家级自然保护区、佛顶山国家级自然保护区、贵州大沙河国家级自然保护区

（2）生态系统碳汇保护空间

利用面向统一监管的生态系统碳汇保护空间划定方法，确定长江经济带生态系统碳汇保护空间。

长江经济带生态系统碳汇保护空间面积共计 166.79 万 km²，占长江经济带生态系统碳汇总面积的 82.93%。长江经济带 11 省（市）中，云南省生态系统碳汇保护空间面积最大，为 37.55 万 km²；其次是四川省和湖南省，生态系统碳汇保护空间面积分别为 28.55 万 km² 和 19.66 万 km²。长江经济带 11 省（市）生态系统碳汇保护空间面积占生态系统碳汇总面积和土地面积的比例均超过 50%。生态系统碳汇保护空间面积占生态系统碳汇总面积的比例最大的省（市）是贵州省，为 99.75%；其次是云南省和湖南省，其生态系统碳汇保护空间面积占生态系统碳汇总面积的比例分别为 98.54% 和 94.05%。

从地级行政区域来看，长江经济带生态系统碳汇保护空间面积最大的是四川省凉山彝族自治州，为 5.80 万 km²；其次是云南省普洱市，其生态系统碳汇保护空间面积为 4.42 万 km²。长江经济带是生态系统碳汇监管和生态保护修复的重点对象，在 127 个地级行政单位中生态系统碳汇保护空间面积占生态系统碳汇总面积的比例超过 50% 的有 115 个；生态系统碳汇保护空间面积占生态系统碳汇总面积的比例超过 90% 的有 66 个，50 个地市生态系统碳汇保护空间面积占生态系统碳汇总面积的比例超过 95%。

（3）生态系统碳汇保护成效

通过长江经济带生态系统碳汇保护空间与国家重点生态功能区、国家级自然保护区的叠加分析，评估长江经济带生态系统碳汇保护成效。

长江经济带已管控的生态系统碳汇保护空间面积为 67.71 万 km²，生态系统碳汇保护空间管控率为 40.60%。其中，已管控的生态系统碳汇保护空间面积排名前三的是四川省、云南省、湖南省，分别为 15.15 万 km²、14.54 万 km²、9.84 万 km²，生态系统碳汇保护空间管控率最高的是湖北省、四川省、湖南省，分别为 53.80%、53.07%、50.03%（图 8-6）。

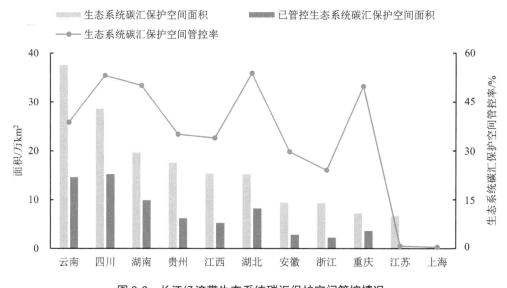

图 8-6　长江经济带生态系统碳汇保护空间管控情况

从地级行政区域来看，湖南省湘西土家族苗族自治州、云南省西双版纳傣族自治州、湖南省张家界市、云南省怒江傈僳族自治州、云南省迪庆藏族自治州、四川省阿坝藏族羌族自治州全域位于国家重点生态功能区，其生态系统碳汇保护空间管控率均为 100%。在长江经济带地级行政区域中，9 个地市的生态系统碳汇保护空间管控率超过 90%，27 个地市的生态系统碳汇保护空间管控率超过 50%；同时，有 66 个地市的生态系统碳汇保护空间管控率低于 10%。

从县级行政区域来看,长江经济带有 254 个县位于国家重点生态功能区,生态系统碳汇保护空间管控率为 100%,其他县(区)生态系统碳汇保护空间管控率均低于 70%,且有 788 个县(区)生态系统碳汇保护空间管控率低于 10%,这些区域是未来生态系统碳汇监管和生态保护修复的重点对象,亟须填补生态系统碳汇保护修复空缺。

8.2.3　长三角地区

(1)已划定的保护区域

长三角地区位于国家重点生态功能区的县级行政区域共计 26 个,总面积为 82.65 万 km²,占长三角地区土地总面积的 40.38%,主要涉及大别山水土保持生态功能区。截至 2018 年,长三角地区共有国家级自然保护区有 24 个(表 8-8),浙江省、安徽省、江苏省、上海市国家级自然保护区数量分别为 11 个、8 个、3 个、2 个,总面积为 3 808.17 km²,占长三角地区土地总面积的 1.07%。

根据国家重点生态功能区和国家级自然保护区的建设情况,长三角地区已划定的保护区域面积为 5.27 万 km²,占长三角地区土地总面积的 14.88%。

表 8-8　长三角地区国家级自然保护区名录(截至 2018 年)

编号	省级行政区域	国家级自然保护区
1	上海市	上海九段沙湿地国家级自然保护区、上海崇明东滩鸟类国家级自然保护区
2	江苏省	江苏盐城湿地珍禽国家级自然保护区、江苏大丰麋鹿国家级自然保护区、江苏泗洪洪泽湖湿地国家级自然保护区
3	浙江省	浙江清凉峰国家级自然保护区、浙江天目山国家级自然保护区、浙江南麂列岛海洋国家级自然保护区、浙江乌岩岭国家级自然保护区、浙江大盘山国家级自然保护区、浙江古田山国家级自然保护区、浙江凤阳山-百山祖国家级自然保护区、浙江九龙山国家级自然保护区、浙江长兴地质遗迹国家级自然保护区、浙江象山韭山列岛海洋生态国家级自然保护区、浙江安吉小鲵国家级自然保护区
4	安徽省	安徽鹞落坪国家级自然保护区、安徽清凉峰国家级自然保护区、安徽古牛绛国家级自然保护区、安徽扬子鳄国家级自然保护区、安徽金寨天马国家级自然保护区、安徽升金湖国家级自然保护区、安徽铜陵淡水豚国家级自然保护区、古井园国家级自然保护区

(2)生态系统碳汇保护空间

利用面向统一监管的生态系统碳汇保护空间划定方法,确定长三角地区生态系统碳汇保护空间,结果表明,长三角地区生态系统碳汇保护空间面积共计 25.76 万 km²,占长三角地区生态系统碳汇总面积的 77.08%，占长三角地区土地总面积的 72.68%。

在长三角地区各省(市)中，安徽省生态系统碳汇保护空间面积最大，为 9.40 万 km²；其次是浙江省，生态系统碳汇保护空间面积为 9.27 万 km²；江苏省和上海市生态系统碳汇保护空间面积分别为 6.68 万 km² 和 0.41 万 km²。长三角地区 4 省（市）中，浙江省生态系统碳汇保护空间面积占生态系统碳汇总面积的比例最高，为 92.55%；上海市、江苏省、安徽省生态系统碳汇保护空间面积占生态系统碳汇总面积的比例分别为 73.02%、72.34%、69.08%。

从地级行政区域来看，长三角地区生态系统碳汇保护空间面积最大的是浙江省丽水市，为 1.72 万 km²，其次是浙江省杭州市和江苏省盐城市，生态系统碳汇保护空间面积分别为 1.46 万 km² 和 1.34 万 km²。生态系统碳汇保护空间面积占生态系统碳汇总面积比例最大的地市为浙江省丽水市，其次是安徽省黄山市，占比分别为 99.65% 和 99.58%。在长三角地区 40 个地市中，34 个地市生态系统碳汇保护空间面积占生态系统碳汇总面积的比例超过 50%，其中生态系统碳汇保护空间面积占生态系统碳汇总面积的比例超过 90% 的有 12 个。

（3）生态系统碳汇保护成效

通过长三角地区生态系统碳汇保护空间与国家重点生态功能区、国家级自然保护区的叠加分析，评估长三角地区生态系统碳汇保护成效。结果显示，长三角地区已管控的生态系统碳汇保护空间面积为 5.07 万 km²，生态系统碳汇保护空间管控率为 19.69%。其中，安徽省、浙江省生态系统碳汇保护空间管控率较高，分别为 29.69%、24.05%，已管控的生态系统碳汇保护空间面积分别为 2.79 万 km²、2.23 万 km²；江苏省、上海市生态系统碳汇保护空间管控率分别为 0.74%、0.41%，已管控的生态系统碳汇保护空间面积分别为 492.5 km²、17 km²（图 8-7）。

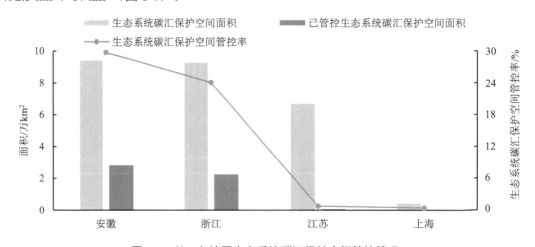

图 8-7　长三角地区生态系统碳汇保护空间管控情况

从地级行政区域来看，浙江省丽水市、安徽省黄山市、安徽省安庆市已管控的生态系统碳汇保护空间面积最大，分别为 10 393 km²、9 037.75 km²、5 973 km²，生态系统碳汇保护空间管控率分别为 60.55%、94.02%、51.95%，也是长三角地区仅有的 3 个生态系统碳汇保护空间管控率超过 50% 的地市。在长三角地区 40 个地市中，有 30 个地市的生态系统碳汇保护空间管控率低于 10%。

从县级行政区域来看，长三角地区有 26 个县位于国家重点生态功能区，生态系统碳汇保护空间管控率为 100%，其他县（区）生态系统碳汇保护空间管控率均低于 20%，生态系统碳汇保护空间管控率低于 10% 的县（区）占长三角地区县级行政区域总数的 90.82%。生态系统碳汇保护空间管控率低说明这些区域的生态系统碳汇监管和生态保护修复重点对象目前尚未能得到充分的生态保护修复措施，这些区域往往面临生态系统碳汇退化的风险，亟须填补生态保护修复空白，是未来生态系统碳汇监管和生态保护修复的重点对象。

8.2.4　黄河流域

（1）已划定的保护区域

黄河流域共有 399 个县级行政区域，其中重点生态功能区县级行政区域 90 个，面积为 58.42 万 km²，占土地总面积的 51.92%，主要涉及阴山北麓草原生态功能区、黄土高原丘陵沟壑水土保持生态功能区、祁连山冰川与水源涵养生态功能区、三江源草原草甸湿地生态功能区、川滇森林及生物多样性生态功能区、甘南黄河重要水源补给生态功能区、若尔盖草原湿地生态功能区、秦巴生物多样性生态功能区等重点生态功能区。截至 2018 年，黄河流域共有国家级自然保护区 63 个，其中甘肃省数量最多为 22 个（表 8-9）。黄河流域国家级自然保护区总面积为 12.83 万 km²，占区域土地面积的 11.40%。

根据国家重点生态功能区和国家级自然保护区的建设情况，黄河流域已划定的保护区域面积共计 60.73 万 km²，占黄河流域土地总面积的 53.98%。

表 8-9　黄河流域国家级自然保护区名录（截至 2018 年）

编号	省级行政区域	国家级自然保护区
1	甘肃省	甘肃尕海-则岔国家级自然保护区、甘肃莲花山国家级自然保护区、甘肃祁连山国家级自然保护区、黄河首曲国家级自然保护区、甘肃连城国家级自然保护区、甘肃太统-崆峒山国家级自然保护区、甘肃太子山国家级自然保护区、甘肃洮河国家级自然保护区、甘肃兴隆山国家级自然保护区

编号	省级行政区域	国家级自然保护区
2	河南省	河南伏牛山国家级自然保护区、河南黄河湿地国家级自然保护区、河南焦作太行山猕猴国家级自然保护区、河南小秦岭国家级自然保护区、河南豫北黄河故道湿地鸟类国家级自然保护区
3	内蒙古自治区	内蒙古鄂尔多斯遗鸥国家级自然保护区、内蒙古鄂托克恐龙遗迹化石国家级自然保护区、内蒙古哈腾套海国家级自然保护区、内蒙古大青山国家级自然保护区、内蒙古贺兰山国家级自然保护区、内蒙古贺兰山国家级自然保护区、内蒙古乌拉特梭梭林-蒙古野驴国家级自然保护区、内蒙古西鄂尔多斯国家级自然保护区
4	宁夏回族自治区	宁夏哈巴湖国家级自然保护区、火石寨丹霞地貌国家级自然保护区、宁夏灵武白芨滩国家级自然保护区、宁夏六盘山国家级自然保护区、南华山国家级自然保护区、宁夏罗山国家级自然保护区、宁夏沙坡头国家级自然保护区、宁夏云雾山国家级自然保护区
5	青海省	大通北川河源区国家级自然保护区、青海青海湖国家级自然保护区、青海三江源国家级自然保护区、青海孟达国家级自然保护区
6	山东省	山东黄河三角洲国家级自然保护区
7	山西省	黑茶山国家级自然保护区、山西历山国家级自然保护区、灵空山国家级自然保护区、山西芦芽山国家级自然保护区、山西庞泉沟国家级自然保护区、太宽河自然保护区、山西五鹿山国家级自然保护区、山西阳城莽河猕猴国家级自然保护区
8	陕西省	陕西韩城黄龙山褐马鸡国家级自然保护区、红碱淖国家级自然保护区、陕西黄柏塬国家级自然保护区、陕西省老县城国家级自然保护区、陕西牛背梁国家级自然保护区、陕西子午岭国家级自然保护区、陕西太白山国家级自然保护区、陕西韩城黄龙山褐马鸡国家级自然保护区、陕西周至国家级自然保护区
9	四川省	四川若尔盖湿地国家级自然保护区、四川长沙贡玛国家级自然保护区

（2）生态系统碳汇保护空间

利用面向统一监管的生态系统碳汇保护空间划定方法，确定黄河流域生态系统碳汇保护空间。结果显示，黄河流域生态系统碳汇保护空间面积共计 17.60 万 km²，占黄河流域生态系统碳汇总面积的 17.68%，占黄河流域土地总面积的 15.64%。

黄河流域 9 省（区）中，陕西省生态系统碳汇保护空间面积最大，为 4.29 万 km²；其次是甘肃省和山西省，生态系统碳汇保护空间面积分别为 3.89 万 km² 和 2.53 万 km²。黄河流域各省（区）生态系统碳汇保护空间面积占生态系统碳汇面积比例最大的是陕西省，为 31.89%，其次是河南省和甘肃省，占比分别为 30.23% 和 25.51%。

从地级行政区域来看，黄河流域生态系统碳汇保护空间面积最大的是陕西省宝鸡市，为 1.33 万 km²；其次是陕西省延安市和甘肃省庆阳市，生态系统碳汇保护空间面积分别为 1.11 万 km² 和 8 374.75 km²。黄河流域生态系统碳汇保护空间面积占生态系统碳汇面积的比例超过 50%的地级行政区域有 8 个，分别是宝鸡市、商洛市、西安市、长治市、天水市、铜川市、晋城市、三门峡市，其中生态系统碳汇保护空间面积占生态系统碳汇面积的比例排名前三的是陕西省宝鸡市、商洛市、西安市，分别为 89.07%、87.93%、67.12%，是生态系统碳汇监管和生态保护修复的重点对象。

（3）生态系统碳汇保护成效

黄河流域已管控的生态系统碳汇保护空间面积为 6.38 万 km²，生态系统碳汇保护空间管控率为 36.22%。在黄河流域各省（区）中，已管控的生态系统碳汇保护空间面积最大的是甘肃省，其次是陕西省，分别为 1.48 万 km²、1.31 万 km²。生态系统碳汇保护空间管控率最高的是四川省，其位于黄河流域内县级行政区域均为国家重点生态功能区；其次是青海省和宁夏回族自治区，其生态系统碳汇保护空间管控率分别为 47.75%和 46.06%（图 8-8）。

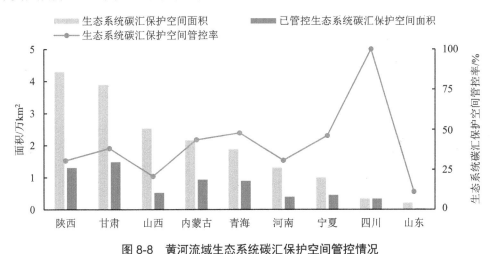

图 8-8　黄河流域生态系统碳汇保护空间管控情况

从地级行政区域来看，黄河流域已管控的生态系统碳汇保护空间面积最大的是甘肃省甘南藏族自治州，为 5 141 km²。从管控率来看，四川省阿坝藏族羌族自治州、甘肃省武威市、陕西省商洛市、内蒙古自治区阿拉善盟、青海省玉树藏族自治州、青海省果洛藏族自治州、青海省海西蒙古族藏族自治州、四川省甘孜藏族自治州等 9 个地级行政区域位于黄河流域的县级行政区域均为国家重点生态功能区，生态系统碳汇保护空间管控率达到 100%。黄河流域共有 47 个地级行政区域的生态系统碳汇保护空间管控率低于 50%，占黄河流域地级行政区域总数的 72.31%；27 个地级行政区域生态系统碳汇保护空间管控率低于 10%，占黄河流域地级行政区域总数的 41.54%。

从县级行政区域来看，黄河流域 399 个县级行政区域中有 90 个位于国家重点生态功能区，生态系统碳汇保护空间管控率为100%，占黄河流域县级行政区域总数的22.56%；其他县（区）中，有298个县级行政区域的生态系统碳汇保护空间管控率低于50%，占黄河流域县级行政区域总数的75.94%，其中275个县级行政区域的生态系统碳汇保护空间管控率低于10%，占黄河流域县级行政区域总数的69.42%。这些县域的生态系统碳汇保护空间管控率较低，说明这些区域生态系统碳汇保护空间尚未全面纳入生态保护修复范围，导致其生态系统碳汇面临着降低、退化的风险，亟须进一步加强生态系统碳汇保护修复。

8.2.5　秦岭地区

（1）已划定的保护区域

秦岭地区目前共有104个县级行政区域，其中55个为重点生态功能区县域，面积为18.11万km²，占土地总面积的66.83%，主要涉及甘南黄河重要水源补给生态功能区、若尔盖草原湿地生态功能区、秦巴生物多样性生态功能区等重点生态功能区。截至2018年，秦岭地区共有国家级自然保护区41个，其中甘肃省数量最多，为21个（表8-10）。秦岭地区国家级自然保护区总面积为2.31万km²，占区域土地面积的8.54%。

表 8-10　秦岭地区国家级自然保护区名录（截至 2018 年）

编号	省级行政区域	国家级自然保护区
1	甘肃省	甘肃洮河国家级自然保护区、甘肃尕海-则岔国家级自然保护区、甘肃白水江国家级自然保护区、甘肃多儿国家级自然保护区、甘肃小陇山国家级自然保护区
2	河南省	河南南阳恐龙蛋化石群国家级自然保护区、河南伏牛山国家级自然保护区、河南丹江湿地国家级自然保护区、河南黄河湿地国家级自然保护区、河南小秦岭国家级自然保护区、河南宝天曼国家级自然保护区
3	湖北省	湖北神农架国家级自然保护区、湖北堵河源国家级自然保护区、湖北十八里长峡国家级自然保护区、湖北赛武当国家级自然保护区、湖北五道峡国家级自然保护区、湖北南河国家级自然保护区、湖北青龙山恐龙蛋化石群国家级自然保护区
4	青海省	青海三江源国家级自然保护区、青海孟达国家级自然保护区
5	陕西省	陕西周至国家级自然保护区、陕西太白山国家级自然保护区、陕西汉中朱鹮国家级自然保护区、陕西米仓山国家级自然保护区、陕西长青国家级自然保护区、陕西佛坪国家级自然保护区、陕西化龙山国家级自然保护区、陕西天华山国家级自然保护区、陕西米仓山国家级自然保护区、陕西黄柏塬国家级自然保护区、陕西平河梁国家级自然保护区、陕西牛背梁国家级自然保护区、陕西紫柏山国家级自然保护区、陕西桑园国家级自然保护区、陕西观音山国家级自然保护区、陕西省老县城国家级自然保护区、陕西青木川国家级自然保护区、陕西摩天岭国家级自然保护区
6	四川省	四川花萼山国家级自然保护区
7	重庆市	重庆大巴山国家级自然保护区、重庆阴条岭国家级自然保护区

根据国家重点生态功能区和国家级自然保护区的建设情况，秦岭地区已划定的保护区域面积共计 18.26 万 km^2，占秦岭地区土地总面积的 67.37%。

（2）生态系统碳汇保护空间

利用面向统一监管的生态系统碳汇保护空间划定方法，确定秦岭地区生态系统碳汇保护空间。结果显示，秦岭地区生态系统碳汇保护空间面积共计 20.14 万 km^2，占秦岭地区生态系统碳汇总面积的 74.56%，占秦岭地区土地总面积的 74.32%。

从省级行政区域来看，秦岭地区 7 省（市）中，陕西省生态系统碳汇保护空间面积最大，为 8.49 万 km^2；其次是湖北省和甘肃省，生态系统碳汇保护空间面积分别为 3.56 万 km^2 和 3.17 万 km^2。秦岭地区各省（市）生态系统碳汇保护空间占生态系统碳汇面积比例最大的是重庆市，为 99.96%，其次是四川省、湖北省和陕西省，占比均超过 90%，分别为 98.11%、97.92% 和 91.00%。

从地级行政区域来看，秦岭地区生态系统碳汇保护空间面积最大的是陕西省汉中市，为 2.59 万 km^2；其次是湖北省十堰市和陕西省安康市，生态系统碳汇保护空间面积分别为 2.29 万 km^2 和 2.22 万 km^2。在秦岭地区 22 个地级行政区域中，生态系统碳汇保护空间面积占生态系统碳汇面积的比例超过 50% 的有 15 个，超过 50% 的有 10 个，其中生态系统碳汇保护空间占生态系统碳汇面积的比例排名前三的是四川省广元市、达州市和湖北省襄阳市，分别为 99.49%、99.03% 和 98.74%，是生态系统碳汇监管和生态保护修复的重点对象。

在秦岭地区 104 个县级行政区域中，生态系统碳汇保护空间面积占生态系统碳汇面积的比例超过 90% 的有 58 个，超过 50% 的有 75 个。

（3）生态系统碳汇保护成效

秦岭地区已管控的生态系统碳汇保护空间面积为 14.98 万 km^2，生态系统碳汇保护空间管控率为 74.37%。在秦岭地区各省（市）中，已管控的生态系统碳汇保护空间面积最大的是陕西省和湖北省，分别为 5.94 万 km^2 和 3.24 万 km^2。生态系统碳汇保护空间管控率最高的是重庆市，其位于秦岭地区内县级行政区域均为国家重点生态功能区；其次是湖北省和四川省，其生态系统碳汇保护空间管控率分别为 91.01% 和 90.05%（图 8-9）。

从地级行政区域来看，秦岭地区已管控的生态系统碳汇保护空间面积最大的是陕西省汉中市，为 2.33 万 km^2。甘肃省甘南藏族自治州、四川省巴中市、四川省达州市 3 个地级行政区域位于秦岭地区的县级行政区域均为国家重点生态功能区，生态系统碳汇保护空间管控率达到 100%。在秦岭地区 22 个地级行政区域中，10 个生态系统碳汇保护空间管控率低于 50%，5 个地级行政区域生态系统碳汇保护空间管控率低于 10%。

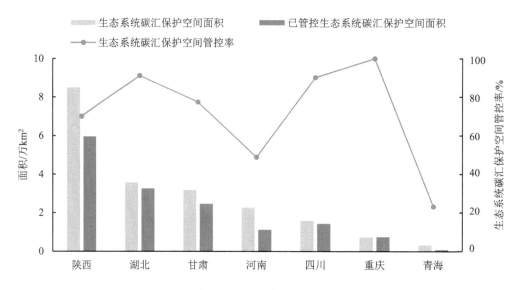

图 8-9　秦岭地区生态系统碳汇保护空间管控情况

从县级行政区域来看，在秦岭地区 104 个县级行政区域中有 55 个为国家重点生态功能区县域，生态系统碳汇保护空间管控率为 100%，占秦岭地区县级行政区域总数的 52.88%；其他县（区）中，有 29 个县级行政区域的生态系统碳汇保护空间管控率低于 50%，占秦岭地区县级行政区域总数的 27.88%，其中 15 个县级行政区域的生态系统碳汇保护空间管控率低于 10%，占秦岭地区县级行政区域总数的 14.42%。

综上所述，从秦岭国家级自然保护区和重点生态功能区的分布来看，当前受保护的生态系统碳汇区域在空间上占较大范围，但仍有较大面积的保护空缺区域亟须保护。部分县域的生态系统碳汇保护空间管控率较低，反映出这些区域的碳汇保护空间尚未被全面整合至生态保护与修复的工作范畴之内，致使其生态系统碳汇面临缩减与退化的潜在威胁，亟须加大力度推进生态系统碳汇的保护与修复工作。

┌─────────┐
│ 第 9 章 │
└─────────┘

主要结论和决策建议

内容摘要

　　本章总结全国及国家重大战略区域生态系统碳汇评估、预测和监管研究结论，结合生态环境部门统一行使生态监管的工作职责，提出生态系统碳汇统一监管、持续巩固提升碳汇能力等方面的对策措施。

9.1　主要结论

9.1.1　生态系统碳汇时空变化分析

（1）全国生态系统碳汇时空变化

1）动态变化

　　生态系统碳汇总量稳定增长。与 2000 年相比，2022 年全国生态系统碳汇总量增加 29.07%，由 6.73 亿 t/a 增至 8.68 亿 t/a，全国生态系统碳汇总量的多年平均值为 7.72 亿 t/a。2000—2022 年全国生态系统碳汇总量呈显著上升趋势。

　　生态系统碳汇面积不断增加。2000 年全国生态系统碳汇总面积为 683.19 万 km²，2022 年增至 715.41 万 km²，增幅为 4.72%。特别是 2019 年后全国生态系统碳汇面积显著提升，主要得益于 2016 年启动的山水林田湖草生态保护修复工程试点项目逐步实施和成效显现。

　　生态系统碳汇强度逐步提高。与 2000 年相比，2022 年全国单位面积生态系统碳汇由 98.47 t/km² 增至 121.37 t/km²，增幅为 23.26%，单位面积生态系统碳汇的多年平均值为

113.01 t/km^2。2000—2022 年全国单位面积生态系统碳汇呈现随时间增加的趋势。

2）地域差异

我国生态系统碳汇能力存在较大的地域差异。从 2000—2022 年多年平均值看，在生态系统碳汇总量方面，云南、四川、内蒙古、广西、黑龙江、广东等地区碳汇总量较高，对全国生态系统碳汇总量的贡献均超过 5%；在各地生态系统碳汇面积方面，内蒙古、西藏生态系统碳汇面积较大，均超过 50 万 km^2，全国 34 个省级行政区域中，黑龙江、吉林、四川、广西、河南、宁夏、云南、陕西、山西等 17 个省级行政区生态系统碳汇面积占国土面积的比例超过 90%；在单位面积生态系统碳汇方面，台湾、香港、云南、广东、海南、广西、福建、贵州等地区的单位面积生态系统碳汇均高于 200 t/km^2，共有 19 个省级行政区的单位面积生态系统碳汇高于全国平均水平（113.01 t/km^2），青海、新疆、西藏、宁夏等地的单位面积生态系统碳汇相对较小，不足 50 t/km^2。

全国生态系统碳汇分布格局产生的主要影响因素包括自然地理条件，尤其是气候条件、森林覆盖率、生态保护修复工程项目的实施等。西南、华南、东南沿海地区气候条件优越，植被类型丰富、植被覆盖率高，生态系统碳汇能力较强。

（2）国家重大战略区域生态系统碳汇时空变化分析

京津冀地区、长江经济带、长三角地区、黄河流域、秦岭地区等国家重大战略区域，作为我国经济社会发展的重要引擎和生态文明建设的重点区域，在全国碳汇能力巩固提升和全国碳达峰、碳中和中占重要地位。研究结果显示，2000—2022 年，京津冀地区、长江经济带、长三角地区、黄河流域、秦岭地区等国家重大战略区域的生态系统碳汇总量多年平均值为 4.13 亿 t，占全国生态系统碳汇总量的 53.58%；生态系统碳汇总面积为 328.27 万 km^2，占全国生态系统碳汇总面积的 48.10%。五个国家重大战略区域生态系统碳汇总量所占比例超过生态系统碳汇面积所占比例，平均单位面积生态系统碳汇为 125.94 t/km^2，超过全国平均水平（113.01 t/km^2）。可以看出，五个国家重大战略区域在全国生态系统碳汇格局中具有关键作用，是我国生态系统碳汇的重要贡献区域。

2000—2022 年，京津冀地区、长江经济带、长三角地区、黄河流域、秦岭地区等国家重大战略区域生态系统碳汇均呈增长趋势，但是各国家重大战略区域的生态系统碳汇规模及增长幅度存在显著差异。

从生态系统碳汇总量来看，长江经济带生态系统碳汇能力最高，其生态系统碳汇总量的多年平均值为 32 370.21 万 t/a；其次是黄河流域，生态系统碳汇总量的多年平均值为 6 137.73 万 t/a；长江流域和黄河流域作为我国两大重要的流域，生态系统类型多样，是全国生态系统碳汇贡献的主要来源之一。2000—2022 年，京津冀地区、长江经济带、长三角地区、黄河流域、秦岭地区生态系统碳汇总量增幅分别为 98.10%、20.53%、17.37%、74.47%、29.92%。京津冀地区生态系统碳汇总量增幅最大，2000—2022 年生态系统碳汇增长将近 1 倍，此外，黄河流域和秦岭地区生态系统碳汇总量增幅也高于全国平均水平（29.07%），长江经济带和长三角地区生态系统碳汇总量增幅则低于全国平均水平。

从生态系统碳汇总量最高值的出现年份来看，各国家重大战略区域生态系统碳汇均在近年达到最高值，反映了各地在生态环境保护方面的持续投入和成效。京津冀地区、黄河流域生态系统碳汇总量在 2022 年达到最高值，秦岭地区、长江经济带和长三角地区生态系统碳汇总量分别在 2020 年、2021 年和 2021 年达到最高值，这可能与各自的生态保护政策和措施实施时间、力度及区域自然条件等因素有关。

从生态系统碳汇面积来看，各国家重大战略区域生态系统碳汇均呈现不同程度的增长趋势，显示出各地在生态系统保护与恢复方面的成效。京津冀地区、长江经济带、长三角地区、黄河流域、秦岭地区生态系统碳汇面积增幅分别为 4.47%、6.98%、5.56%、4.59%、6.17%。长江经济带、长三角地区和秦岭地区生态系统碳汇面积增幅高于全国平均水平（4.72%）；京津冀地区和黄河流域生态系统碳汇面积增幅则低于全国平均水平。

从单位面积生态系统碳汇来看，2000—2022 年，京津冀地区、长江经济带、长三角地区、黄河流域、秦岭地区生态系统碳汇能力均呈稳步上升趋势，但是各区域之间的生态系统碳汇能力存在差异。长江经济带、秦岭地区和长三角地区生态系统碳汇能力较强，单位面积生态系统碳汇的多年平均值分别为 173.08 t/km²、135.17 t/km² 和 120.22 t/km²，均超过全国平均水平（113.01 t/km²），尤其是长江经济带的生态系统碳汇能力最为突出。相较之下，京津冀地区和黄河流域的生态系统碳汇能力相对较弱，单位面积生态系统碳汇的多年平均值分别为 80.89 t/km² 和 65.44 t/km²，均低于全国平均水平。然而，京津冀地区和黄河流域生态系统碳汇能力 2000—2022 年也实现了显著提升，京津冀地区单位面积生态系统碳汇增幅达 89.63%，黄河流域单位面积生态系统碳汇增幅达 66.82%，显示出京津冀地区、黄河流域生态保护修复显著的碳汇成效。

综上所述，2000—2022 年京津冀地区、长江经济带、长三角地区、黄河流域、秦岭地区等国家重大战略区域生态系统碳汇能力均有所提升，反映了各地区在加强环境保护和推进生态建设方面所作的努力及成效，但受当地自然条件、生态保护修复等因素影响，生态系统碳汇增长幅度与规模存在差异。长江经济带、秦岭地区和长三角地区单位面积生态系统碳汇高于全国平均水平，京津冀地区和黄河流域虽然碳汇能力较低，但增长速度较快，尤其是京津冀地区增长尤为明显。不同地区生态系统碳汇动态变化揭示了其在经济发展与生态保护之间寻求平衡的不同路径和成效，虽然各区域在生态系统碳汇能力上存在差异，但均呈现稳步上升的趋势，体现了我国在生态环境保护方面的积极努力和显著成效。

9.1.2　生态系统碳汇重点区域分析

（1）全国生态系统碳汇重点区域

生态系统碳汇分布具有明显的区域性聚集特征。全国生态系统碳汇高值区域面积为300.47万 km²，占全国生态系统碳汇总面积的40.89%。生态系统碳汇高值区域集中在华南、西南、东南沿海地区及大小兴安岭地区。贵州、广西、福建、海南、云南等18个省级行政区生态系统碳汇高值区域比例超过50%，其中贵州、广西、福建、海南、云南、台湾6个省级行政区生态系统碳汇高值区域比例均超过95%；西藏、新疆、宁夏、青海、天津5个地区生态系统碳汇高值区域比例不足10%。

生态系统碳汇退化存在显著的地域差异。2022年，全国生态系统碳汇退化区域面积为207.36万 km²，占全国生态系统碳汇总面积的28.22%。从退化面积看，新疆、云南、内蒙古、西藏、四川等地区退化面积较大；从退化面积占当地碳汇面积看，18个省级行政区生态系统碳汇退化比例高于全国平均水平，台湾、浙江、福建、湖北、湖南、江西、广东、海南8个地区生态系统碳汇退化区域面积占其生态系统碳汇总面积的比例超过50%，是生态系统碳汇修复的重点区域。

（2）国家重大战略区域生态系统碳汇重点区域

1）生态系统碳汇高值区域

京津冀地区、长江经济带、长三角地区、黄河流域、秦岭地区等国家重大战略区域生态系统碳汇高值区域总面积为 179.88 万 km²，占全国生态系统碳汇高值区域总面积的59.87%，表明国家重大战略区域在碳吸收与储存方面的突出能力。

京津冀地区、长江经济带、长三角地区、黄河流域、秦岭地区等国家重大战略区域生态系统碳汇高值区域面积分别为2.96万 km²、156.35万 km²、21.11万 km²、10.64万 km²、19.12万 km²，占其生态系统碳汇总面积的比例分别为14.17%、77.74%、63.18%、10.69%、70.78%。其中，长江经济带、秦岭地区和长三角地区表现出更显著的生态系统碳汇优势，生态系统碳汇高值区域面积占其生态系统碳汇总面积的比例远超过全国平均水平（40.89%）；京津冀地区与黄河流域生态系统碳汇高值区域面积占其生态系统碳汇总面积的比例相对较低，低于全国平均水平。

2）生态系统碳汇退化区域

京津冀地区、长江经济带、长三角地区、黄河流域、秦岭地区等国家重大战略区域生态系统碳汇退化区域总面积为 104.79 万 km²，占全国生态系统碳汇退化区域总面积的 50.54%。应该高度重视生态系统碳汇退化区域，并采取有效措施遏制生态系统碳汇退化趋势，保护和恢复生态系统碳汇功能。

京津冀地区、长江经济带、长三角地区、黄河流域、秦岭地区生态系统碳汇退化区域面积分别为 0.93 万 km²、88.94 万 km²、15.87 km²、10.12 万 km²、11.36 km²，占其生态系统碳汇总面积的比例分别为 4.42%、44.22%、47.49%、10.16%、42.05%。尽管长江经济带、秦岭地区与长三角地区生态系统碳汇高值区域占比较高，生态系统碳汇能力较强，但同时生态系统碳汇退化面积占生态系统碳汇总面积的比例也超过全国平均水平（28.22%），反映出这些区域生态系统碳汇波动较大，在经济发展进程中可能承受了更大的生态环境压力。京津冀地区与黄河流域的生态系统碳汇退化面积占比相对较低，分别为 4.42%、10.16%，远低于全国平均水平，主要得益于近年来在生态环境保护方面的努力，以及实施的一系列生态修复措施。

综上所述，京津冀地区、长江经济带、长三角地区、黄河流域、秦岭地区等国家重大战略区域生态系统碳汇高值区域占全国生态系统碳汇高值区域的比例超过 50%，是全国生态系统碳汇的重要贡献区域，同时生态系统碳汇退化也应引起关注，需要加强生态系统保护与恢复。不同区域在生态系统碳汇效能上展现出明显的地域性差异。长江经济带、秦岭地区与长三角地区生态系统碳汇高值区域占比大，表现出较强的碳汇能力，但生态系统碳汇退化区域面积也较大；京津冀地区和黄河流域生态系统碳汇高值区域占比相对较小，但其生态系统碳汇退化区域面积控制得较好，显示出一定的生态保护成效。

9.1.3　生态系统碳汇潜力预测

（1）全国生态系统碳汇潜力

我国生态系统碳汇具有显著的巩固提升潜力。全国碳汇能力的巩固提升潜力约为 1.63 亿 t/a，相较 2022 年生态系统碳汇提升率为 18.80%。在碳汇能力达到巩固提升潜力的情况下，我国单位面积生态系统碳汇可以达到 140.15 t/km²，与现状年（2022 年）相比增加 18.81 t/km²，单位面积生态系统碳汇的提升率为 15.51%。

碳汇能力的巩固提升潜力具有显著地域差异。云南、广西、四川、内蒙古 4 个省级行政区碳汇能力的巩固提升潜力相对较大，均超过 1 000 万 t；湖北、福建、安徽等 18 个省级行政区碳汇能力的巩固提升率较高，超过全国平均水平；青海、河北、辽宁、天津 4 个省级行政区碳汇能力的巩固提升率相对较低，不足 10%。单位面积生态系统碳汇提升潜力最大的是台湾，达到 73.12 t/km²。湖北省单位面积生态系统碳汇提升率最高，达到

31.47%，此外，福建、安徽、江西、台湾、河南、浙江、湖南、海南、香港、广东等省级行政区单位面积生态系统碳汇提升率超过 20%。

（2）国家重大战略区域生态系统碳汇潜力

京津冀地区、长江经济带、长三角地区、黄河流域、秦岭地区等国家重大战略区域生态系统碳汇的巩固提升潜力为 8 579.28 万 t，占全国生态系统碳汇巩固提升潜力的 52.65%。与生态系统碳汇总量相比，国家重大战略区域生态系统碳汇巩固提升率为 18.30%，与全国生态系统碳汇巩固提升率接近。

京津冀地区、长江经济带、长三角地区、黄河流域生态系统碳汇巩固提升潜力分别为 180.87 万 t、7 131.20 万 t、1 208.36 万 t、922.10 万 t、810.96 万 t，提升率分别为 8.37%、20.12%、26.97%、11.60%、21.69%。其中，长三角地区生态系统碳汇巩固提升率最高，其次是秦岭地区和长江经济带，均高于全国平均水平（18.80%）；京津冀地区和黄河流域生态系统碳汇巩固提升率低于全国平均水平。

从单位面积生态系统碳汇潜力来看，在碳汇能力达到巩固提升潜力的情况下，京津冀地区、长江经济带、长三角地区、黄河流域单位面积生态系统碳汇分别可以达到 112.0 t/km²、211.68 t/km²、170.23 t/km²、89.07 t/km²、168.98 t/km²，与现状年（2022 年）相比，单位面积生态系统碳汇提升潜力分别为 5.57 t/km²、33.62 t/km²、32.38 t/km²、8.09 t/km²、28.86 t/km²，可分别实现 5.24%、18.88%、23.49%、9.99%、20.76%的提升率。长三角地区单位面积生态系统碳汇的提升率最大，其次是秦岭地区和长江经济带，京津冀地区、黄河流域的单位面积生态系统碳汇提升潜力虽然与其他地区存在差距，但也显示出一定的增长潜力，通过科学的规划和有效的措施，也可在碳汇能力巩固提升方面取得显著成效。

综上所述，京津冀地区、长江经济带、长三角地区、黄河流域、秦岭地区等国家重大战略区域都具有一定的生态系统碳汇巩固提升潜力，但是各地生态系统碳汇的提升量和提升率存在差异，国家重大战略区域在生态环境保护和生态系统碳汇巩固提升方面仍然面临复杂的挑战。例如，京津冀地区作为北方重要的经济中心和城市群，其城市化进程较快，土地资源相对紧张，给碳汇能力持续巩固提升带来一定难度。黄河流域则面临水资源短缺、生态脆弱等多重问题，限制了其单位面积生态系统碳汇的巩固提升。因此各地应继续加大生态系统保护与修复力度，探索出一条符合自身特点的生态系统碳汇提升路径，实现生态系统碳汇潜力最大化。

9.1.4　生态系统碳汇保护空间管控

（1）全国生态系统碳汇保护空间管控

全国生态系统碳汇保护空间斑块共计 1 436.9 万块，保护空间面积为 359.22 万 km²，占全国生态系统碳汇总面积的 48.89%。全国近一半生态系统碳汇处于需要重点保护或修复的状态。与国家重点生态功能区、国家级自然保护区叠加分析，全国已管控生态系统碳汇保护空间面积为 164.85 万 km²，生态系统碳汇保护空间管控率为 45.89%。

生态系统碳汇保护空间存在显著的区域差异。云南省生态系统碳汇保护空间面积最大，达 37.55 万 km²；其次是四川、广西、内蒙古、黑龙江。贵州、广西、福建、海南、云南、台湾 6 个地区生态系统碳汇保护空间占其生态系统碳汇总面积的比例均超过 98%，是生态系统碳汇监管和生态保护修复的重点对象。

国家重点生态功能区是我国生态系统碳汇分布和碳汇能力持续巩固提升的重点区域。国家重点生态功能区内生态系统碳汇高值区域面积为 96.60 万 km²，占其生态系统碳汇总面积的 36.41%，占全国生态系统碳汇高值区域总面积的 33.18%。2010—2022 年，国家重点生态功能区生态系统碳汇显著增加，其中生态系统碳汇总量由 2.25 亿 t/a 增至 2.56 亿 t/a，单位面积生态系统碳汇由 95.93 t/km² 增至 105.20 t/km²，特别是科尔沁草原生态功能区、黄土高原丘陵沟壑水土保持生态功能区生态系统碳汇总量增长率分别达 60.8% 和 46.5%。

国家级自然保护区生态系统碳汇能力显著提升。2010—2022 年，国家级自然保护区生态系统碳汇总量由 3 446.31 万 t/a 增至 3 911.38 万 t/a，单位面积生态系统碳汇由 59.83 t/km² 增至 66.13 t/km²，生态系统碳汇增幅显著。其中，森林生态系统类型、野生植物类型国家级自然保护区生态系统碳汇高值区域面积分别占其生态系统碳汇总面积的 48.25% 和 48.14%，超过同期全国平均水平。此外，海洋和海岸生态系统类型、草原草甸生态系统类型和荒漠生态系统类型国家级自然保护区生态系统碳汇总量增加最为显著，分别增长 40.9%、32.8% 和 29.9%，表明这些类型国家级自然保护区在生态恢复工程、荒漠化防治等方面取得了显著成果。

（2）国家重大战略区域生态系统碳汇保护空间管控

京津冀地区、长江经济带、长三角地区、黄河流域、秦岭地区等国家重大战略区域生态系统碳汇保护空间面积共计 198.06 万 km²，占全国生态系统碳保护空间总面积的 55.14%，生态系统碳汇功能尤为重要，是生态系统碳汇保护修复和统一监管的重要区域。京津冀地区、长江经济带、长三角地区、黄河流域、秦岭地区生态系统碳汇保护空间面积分别为 3.50 万 km²、166.79 万 km²、25.76 万 km²、17.60 万 km²、20.14 万 km²，占其生态系统碳汇总面积的比例分别为16.72%、82.93%、77.08%、17.68%、74.56%。其中，长江经济带的生态系统碳汇保护空间面积最大，且占其生态系统碳汇总面积的比例最高，长三角地区、秦岭地区生态系统碳汇保护空间面积占其生态系统碳汇总面积的比例也远高于全国平均水平（48.89%）。

通过国家重大战略区域生态系统碳汇保护空间与国家重点生态功能区、国家级自然保护区的叠加分析，京津冀地区、长江经济带、长三角地区、黄河流域、秦岭地区已管控的生态系统碳汇保护空间面积分别为2.33万km^2、67.71万km^2、5.07万km^2、6.38万km^2、14.98万km^2，生态系统碳汇保护空间的管控率分别为66.50%、40.60%、19.69%、36.22%、74.37%。京津冀地区、秦岭地区生态系统碳汇保护空间的管控率高于全国平均水平（45.89%），其他国家重大战略区域生态系统碳汇保护空间管控率均低于全国平均水平。长三角地区作为我国经济最为发达的区域之一，其生态系统碳汇保护空间的管控率仅为19.69%，不足京津冀地区生态系统碳汇保护空间管控率的1/3，需要加强生态系统碳汇保护修复。

综上所述，国家重大战略区域生态系统碳汇保护空间分布广泛，但除京津冀地区和秦岭地区外其他国家重大战略区域生态系统碳汇保护空间的管控率相对较低，仍有大面积的生态系统碳汇保护空间尚未得到有效管控，在未来应进一步加大生态保护修复力度，确保生态系统碳汇长期稳定与持续提升。各国家重大战略区域应结合自身特点，制定更为科学、合理的生态保护修复策略，提升生态系统碳汇保护空间管控效率，特别是尚未得到有效管控的碳汇空间，要填补生态系统碳汇保护修复空缺，降低生态系统碳汇退化风险。

9.2 决策建议

实现碳达峰、碳中和是以习近平同志为核心的党中央统筹国内国际两个大局作出的重大战略决策，持续巩固提升碳汇能力是贯穿碳达峰、碳中和两个阶段的重点任务，生态系统碳汇统一监管是持续巩固提升碳汇能力、实现碳达峰碳中和的重要保障。为加强生态系统碳汇统一监管、持续巩固提升碳汇能力，结合本研究面向统一监管的生态系统碳汇基础理论和方法体系，以及全国、国家重大战略区域生态系统碳汇评估、预测和监管研究主要结论，提出以下决策建议。

9.2.1 组织开展生态系统碳汇统一评估

针对当前生态系统碳汇评估在类型上、空间上、时间上的不一致，尤其是全国生态系统碳汇总量评估滞后于全国二氧化碳排放总量核算、全国生态系统碳汇评估在空间上存在空缺或重叠等问题，围绕绿色植物吸收、固定大气中二氧化碳在生态系统碳汇中的基础性地位，研究制定面向统一监管的生态系统碳汇统一评估技术规范，以国土斑块为基本空间单元、年度为基本时间单元，组织开展覆盖所有国土的生态系统碳汇统一评估，建立长时间序列的全国生态系统碳汇"一张图"，实现不同类型生态系统碳汇评估相统一、生态系统碳汇总量和二氧化碳排放总量在时间上相匹配、全国生态系统碳汇评估在空间上的连续性，为实施生态系统碳汇统一监管、全面挖掘生态系统碳汇潜力等提供科学依据。

9.2.2 科学划定生态系统碳汇保护空间

全国及国家重大战略区域生态系统碳汇评估、预测结果显示，生态系统碳汇总量、生态系统碳汇面积、单位面积生态系统碳汇具有显著的地域差异，而且生态系统碳汇分布具有显著的区域性聚集特征。综合考虑生态系统碳汇功能与生物生产功能、其他生态功能的重叠关系，研究确定生态系统碳汇保护空间的划定标准，制定面向统一监管的生态系统碳汇保护空间划定技术规范。结合长时间序列的全国生态系统碳汇"一张图"，划定覆盖所有国土、面向统一监管的生态系统碳汇保护空间，为生态系统碳汇统一监管、生态保护修复工程合理布局、持续巩固提升碳汇能力等提供科技支撑。

9.2.3 建立生态系统碳汇统一监管体系

针对所有国土空间生态系统碳汇统一监管的需求，以国土斑块为基本空间单元，确定生态系统碳汇统一监管单元及其分类，采用"行政区域代码—生态系统碳汇统一监管单元代码—生态系统碳汇类型代码—生态系统碳汇斑块代码"四级编码方式，对生态系统碳汇进行统一编码，编制、汇总各国土斑块的生态系统碳汇统一监管单元属性表，构建全国生态系统碳汇统一监管账户体系。研究建立生态系统碳汇统一监管成效评估体系，对不同年限、不同区域生态系统碳汇统一监管成效进行评估、分级，为生态系统碳汇统一监管、持续巩固提升碳汇能力及碳达峰、碳中和相关监督考核等提供科技支撑。

9.2.4 加快补齐生态系统碳汇保护空缺

全国及国家重大战略区域生态系统碳汇监管研究表明，全国仍有 54.11% 的生态系统碳汇保护空间尚未纳入国家重点生态功能区、国家级自然保护区，尚未得到有效管控，长江经济带、黄河流域尚有 50% 以上的生态系统碳汇保护空间尚未得到有效管控，长三角地区尚有 80%以上的生态系统碳汇保护空间尚未得到有效管控。

进一步完善生态系统碳汇保护体系。综合考虑生态保护红线、自然保护地、重点生态功能区等生态监管重要区域，对全国生态系统碳汇保护空间管控情况进行统一评估，全面识别尚未得到有效管控的生态系统碳汇保护空间，优化生态保护修复工程布局、生态环境分区管控，实施差异化保护策略，维护生态系统的稳定性，从而有效提升生态系统碳汇的保护效能，为充分挖掘碳汇能力巩固提升潜力、全面提升生态系统碳汇能力等提供科学依据。

主要参考文献及资料

[1] BALDOCCHI D，RYU Y，KEENAN T. 2016. Terrestrial carbon cycle variability[J]. F1000Research，5.

[2] BANSAL S，CREED I F，TANGEN B A，et al. 2023. Practical guide to measuring wetland carbon pools and fluxes[J]. Wetlands（Wilmington），43：105.

[3] FEI X，JIN Y，ZHANG Y，et al. 2017. Eddy covariance and biometric measurements show that a savanna ecosystem in Southwest China is a carbon sink[J]. Scientific Reports，7：41025.

[4] HODSON DE JARAMILLO E，NIGGLI U，KITAJIMA K，et al. Boost Nature-Positive Production[C]//J. VON BRAUN，K. AFSANA，L. O. FRESCO，M. H. A. HASSAN. Science and Innovations for Food Systems Transformation[J]. Cham（CH）：Springer. Copyright. 2023，The Author（s）. 319-340. 10.1007/978-3-031-15703-5_17.

[5] JIANG F，CHEN J M，ZHOU L，et al. 2016. A comprehensive estimate of recent carbon sinks in China using both top-down and bottom-up approaches[J]. Scientific Reports，6：22130.

[6] KE S，ZHANG Z，WANG Y. 2023. China's forest carbon sinks and mitigation potential from carbon sequestration trading perspective[J]. Ecological Indicators，148：110054.

[7] KONDO M，PATRA P K，SITCH S，et al. 2020. State of the science in reconciling top-down and bottom-up approaches for terrestrial CO_2 budget[J]. Global Change Biology，26：1068-1084.

[8] LI M，PENG J，LU Z，ZHU P. 2023. Research progress on carbon sources and sinks of farmland ecosystems. Resources[J]. Environment and Sustainability，11：100099.

[9] LI X，LIN G，JIANG D，et al. 2022. Spatiotemporal evolution characteristics and the climatic response of carbon sources and sinks in the Chinese grassland ecosystem from 2010 to 2020[J]. Sustainability，14：8461.

[10] LIU S，JI C，WANG C，et al. 2018. Climatic role of terrestrial ecosystem under elevated CO_2：A bottom-up greenhouse gases budget. Ecology Letters，21：1108-1118.

[11] LU X，ZHENG G，MILLER C，ALVARADO E. 2017. Combining multi-source remotely sensed data and a process-based model for forest aboveground biomass updating[J]. Sensors（Basel），17.

[12] MUELLER P，GRANSE D，NOLTE S，et al. 2017. Top-down control of carbon sequestration：Grazing

affects microbial structure and function in salt marsh soils[J]. Ecological Applications，27：1435-1450.

[13] NANDAL A，YADAV S S，RAO A S，et al. 2023. Advance methodological approaches for carbon stock estimation in forest ecosystems[J]. Environmental Monitoring and Assessment，195：315.

[14] PIAO S，FANG J，CIAIS P，et al. 2009. The carbon balance of terrestrial ecosystems in China[J]. Nature，458：1009-1013.

[15] PIAO S，HE Y，WANG X，et al. 2022. Estimation of China's terrestrial ecosystem carbon sink：Methods，progress and prospects[J]. Science China Earth Sciences，65：641-651.

[16] SCHUH A E，LAUVAUX T，WEST T O，et al. 2013. Evaluating atmospheric CO_2 inversions at multiple scales over a highly inventoried agricultural landscape[J]. Global Change Biology，19：1424-1439.

[17] SHE W，WU Y，HUANG H，et al. 2017. Integrative analysis of carbon structure and carbon sink function for major crop production in China's typical agriculture regions[J]. Journal of Cleaner Production，162：702-708.

[18] SMITH R. 1997. Climate change：decision time in Kyoto[J]. British Medical Journal，315：1326.

[19] TANG X，ZHAO X，BAI Y，et al. 2018. Carbon pools in China's terrestrial ecosystems：New estimates based on an intensive field survey[J]. Proceedings of the National Academy of Sciences，115：4021-4026.

[20] VEKURI H，TUOVINEN J P，KULMALA L，et al. 2023. A widely-used eddy covariance gap-filling method creates systematic bias in carbon balance estimates[J]. Scientific Reports，13：1720.

[21] WANG J，FENG L，PALMER P I，et al. 2020. Large Chinese land carbon sink estimated from atmospheric carbon dioxide data[J]. Nature，586：720-723.

[22] XIA X，REN P，WANG X，et al. 2024. The carbon budget of China：1980-2021[J]. Sci. Bull.（Beijing），69：114-124.

[23] XIAO D，DENG L，KIM D G，et al. 2019. Carbon budgets of wetland ecosystems in China[J]. Global Change Biology，25：2061-2076.

[24] YAO L，LIU T，QIN J，et al. 2024. Carbon sequestration potential of tree planting in China[J]. Nature Communications，15：8398.

[25] ZHAO J，LIU D，CAO Y，et al. 2022. An integrated remote sensing and model approach for assessing forest carbon fluxes in China[J]. Science of the Total Environment，811：152480.

[26] 李建豹，陈红梅，张彩莉，等. 2024. 长三角地区碳源碳汇时空演化特征及碳平衡分区[J]. 环境科学，45（7）：4090-4100.

[27] 赵栋，刘笑杰，金晓斌. 2023. 长三角地区县域碳收支时空动态及碳平衡分区[J]. 现代城市研究，（6）：23-30.

[28] 义白璐，韩骥，周翔，等.2015.区域碳源碳汇的时空格局——以长三角地区为例[J].应用生态学报，26（4）：973-980.

[29] 黄汉志，贾俊松，刘淑婷，等.2023.2000—2020年长江经济带碳汇时空演变及影响因素分析[J].环境科学研究，36（8）：1564-1576.

[30] 曾立安.2023.土地利用视野下的长江经济带陆地生态系统碳储量时空演化特征[D].南昌：南昌大学.

[31] 黄国华，刘传江，徐正华.2018.长江经济带碳减排潜力与低碳发展策略[J].长江流域资源与环境，27（4）：695-704.

[32] 张炳康，刘钊成，张欣，等.2024.长江经济带生态环境保护历程与发展状况综述[J].长江技术经济，8（1）：48-53.

[33] 马潇颖.2022.京津冀地区碳中和关键因素减排固碳潜力研究[D].北京：华北电力大学.

[34] 王争光.2022.京津冀地区土地利用碳中和及国土空间优化研究[D].石家庄：河北地质大学.

[35] 种方方，杜加强，朱晓倩，等.2023.京津冀陆地生态系统碳储量估算与空间格局分析[J].环境科学研究，36（11）：2065-2073.

[36] 张赫，贺晶，杨兴源，等.2022.碳增汇目标下县域生态空间的分区及管控策略——以京津冀地区县域为例[J].规划师，38（1）：32-40.

[37] 王菲，曹永强，周姝含，等.2023.黄河流域生态功能区植被碳汇估算及其气候影响要素[J].生态学报，43（6）：2501-2514.

[38] 曹云，孙应龙，姜月清，等.黄河流域净生态系统生产力的时空分异特征及其驱动因子分析[J].生态环境学报，2022，31（11）：2101-2110.

[39] 刘琳轲，梁流涛，高攀，等.2021.黄河流域生态保护与高质量发展的耦合关系及交互响应[J].自然资源学报，36（1）：176-195.

[40] 梁森，张建军，王柯，等.2023.区域生态保护修复碳汇潜力评估方法与应用——基于第一批山水林田湖草生态保护修复工程的研究[J].生态学报，43（9）：3517-3531.

[41] 武文琦，赵燕，田瀚文，等.2023.近40a秦岭生境质量时空变化特征及驱动机制[J].地球环境学报，14（4）：488-504.

[42] 袁博.2013.秦岭山地植被净初级生产力及对气候变化的响应[D].西安：西北大学.

[43] 晁阳.2021.中国秦岭土地利用变化生态环境效应的空间分异性及形成机理[D].西安：长安大学.

[44] 刘彦良，邱晓坤.2024.秦岭地区生态环境问题及对策分析[J].现代园艺，47（13）：173-175.

[45] 促进京津冀协同发展　打造世界级城市群（https：//www.gov.cn/zhengce/2015-09/17/content_2934181.htm）.

[46] 京津冀协同发展十年成就显著（https：//www.ndrc.gov.cn/xwdt/ztzl/jjyxtfz/202403/t20240327_

1365319.html）.

[47] 京津冀协同发展专题专栏（https：//www.ndrc.gov.cn/xwdt/ztzl/jjyxtfz/index.html）.

[48] 习近平. 在深入推动长江经济带发展座谈会上的讲话（https：//cjjjd.ndrc.gov.cn/gaocengdongtai/
201909/t20190919_1165139.htm）.

[49] 习近平. 走生态优先绿色发展之路　让中华民族母亲河永葆生机活力（https：//cjjjd.ndrc.gov.cn/
gaocengdongtai/201907/t20190713_943804.htm）.

[50] 习近平主持召开深入推动长江经济带发展座谈会并发表重要讲话（https：//cjjjd.ndrc.gov.cn/
gaocengdongtai/201907/t20190713_943802.htm）.

[51] 中华人民共和国中央人民政府. 国家发展改革委关于印发长三角地区区域规划的通知（https：//www.
gov.cn/zwgk/2010-06/22/content_1633868.htm）.

[52] 中华人民共和国中央人民政府. 国务院关于依托黄金水道推动长江经济带发展的指导意见
（https：//www. gov.cn/zhengce/zhengceku/2014-09/25/content_9092.htm）.

[53] 中华人民共和国中央人民政府. 两部门关于印发长江三角洲城市群发展规划的通知（https：//www.
gov.cn/xinwen/2016-06/03/content_5079264.htm）.

[54] 中华人民共和国中央人民政府. 习近平在首届中国国际进口博览会开幕式上的主旨演讲（全文）
（https：//www.gov.cn/xinwen/2018-11/05/content_5337572.htm）.

[55] 中华人民共和国中央人民政府. 习近平主持中共中央政治局会议　研究部署在全党开展"不忘初心、
牢记使命"主题教育工作等（https：//www.gov.cn/xinwen/2019-05/13/content_5391199.htm）.

[56] 中华人民共和国中央人民政府. 中共中央　国务院印发《长江三角洲区域一体化发展规划纲要》
（https：//www.gov.cn/zhengce/2019-12/01/content_5457442.htm）.

[57] 中华人民共和国中央人民政府. 习近平在扎实推进长三角一体化发展座谈会上强调：紧扣一体化和
高质量抓好重点工作　推动长三角一体化发展不断取得成效（https：//www.gov.cn/xinwen/2020-
08/22/content_5536613.htm）.

[58] 中华人民共和国中央人民政府. 习近平总书记谋划推动长三角一体化发展纪事（https：//www.
gov.cn/yaowen/liebiao/202312/content_6918100.htm）.

[59] 中华人民共和国中央人民政府. 长三角区域经济总量突破 30 万亿元（https：//www.gov.cn/ lianbo/
difang/202401/content_6929008.htm）.

[60] 中华人民共和国 2023 年国民经济和社会发展统计公报（https：//www.stats.gov.cn/sj/zxfb/ 202402/
t20240228_1947915.html）.

[61] 水利部黄河水利委员会　流域自然概况（http：//www.yrcc.gov.cn/zwzc/ghjh/202312/t20231220_
364948.html）.

[62] 黄河流域综合规划（2012—2030 年）概要（http：//www.yrcc.gov.cn/zwzc/ghjh/202312/t20231220_364948.html）。

[63] 中共中央　国务院印发《黄河流域生态保护和高质量发展规划纲要》（2021 年 10 月 8 日）（https：//www.gov.cn/zhengce/2021-10-08/content_5641438.htm）。

[64] 中共中央　国务院关于深入打好污染防治攻坚战的意见（2021 年 11 月 2 日）（https://www.gov.cn/gongbao/content/2021/content_5651723.htm）。

[65] 关于印发《黄河生态保护治理攻坚战行动方案》的通知（环综合〔2022〕51 号）（https://www.gov.cn/zhengce/zhengceku/2022-09-07/content_5708710.htm）。

[66] 关于印发《黄河流域生态环境保护规划》的通知（2022 年 6 月 28 日）（https：//www.mee.gov.cn/ywgz/zcghtjdd/ghxx/202206/t20220628_987021.shtml）。

[67] 习近平主持召开全面推动黄河流域生态保护和高质量发展座谈会强调：以进一步全面深化改革为动力　开创黄河流域生态保护和高质量发展新局面（2024 年 9 月 12 日）（https：//www.gov.cn/yaowen/liebiao/202409/content_6974190.htm？lsRedirectHit=11458961）。

[68] 习近平主持召开深入推动黄河流域生态保护和高质量发展座谈会并发表重要讲话（2021 年 10 月 22 日）（https：//www.gov.cn/xinwen/2021-10-22/content_5644331.htm）。

[69] 习近平在黄河流域生态保护和高质量发展座谈会上的讲话（2019 年 9 月 18 日）（https://www.gov.cn/xinwen/2019-10-15/content_5440023.htm）。

[70] 深入推进黄河流域生态环境保护　谱写美丽中国建设黄河崭新篇章（https://www.ndrc.gov.cn/xwdt/ztzl/NEW_srxxgcjjpjjsx/jjsxyjqk/tgyg/202406/t20240613_1386873_ext.html）。

[71] 六省一市签署《加强秦岭地区跨区域生态保护协同合作备忘录》携手共护秦岭生态环境（https：//www.mee.gov.cn/ywdt/dfnews/202401/t20240124_1064578.shtml）。